DE LA NATVRE, QVALITEZ ET PREROGATIVES ADMIRABLES DV POINCT.

Où ſe voyent pluſieurs belles & ſubtiles curioſitez.

PAR
SCIPION DE GRAMONT,
Sieur de S. Germain.

A PARIS,
Chez MICHEL DANIEL, en l'Iſle du Palais, au Roy Dauid.

M. DC. XIX.

A

TRES-ILLVSTRE SEIGNEVR,

MONSEIGNEVR

DE BASSOMPIERRE, LIBRE Baron du S. Empire, Conſeiller du Roy en ſon Conſeil d'Eſtat, Colonel General des gens de guerre, Suiſſes & Griſons, entretenus pour le ſeruice de ſa Majeſté, & Mareſchal de ſes Camps & Armées.

MONSEIGNEVR,

C'eſtoit la couſtume des anciens Grecs & Romains de ſacrifier à leurs Dieux les victimes, qui ſembloient les plus conuenables à la Diuinité d'vn chacun. Ainſi à Mars ils conſacroient le Cheual, animal guerrier & fougueux : A

Phœbus, le Coq, comme animal solaire, & annonçant le iour : & à Diane, deesse de la chasse, vne Biche. Suiuant doncques les erres de ceste bienseance, ceux qui mettent des œuures en public, les doiuent adresser à gens capables de les entendre, & les conteroller au besoing. Et ceux qui font autrement, ou quelquesfois du tout au rebours, pensant honnorer les personnes, les des-obligent grandement par vn don, qui tacitement leur reproche le manquement de ce qu'on leur adresse.

Pour moy i'ay cest aduantage, comme ont encore tous ceux qui vous dedieront quelque liure, qu'on n'aura point de la peine à choisir vne matiere sortable à vostre esprit, veu que vous estes capable de tout : car s'il faut parler de la guerre, l'on sçait assez que c'est vostre mestier, & que vous en feriez des volumes, s'il vous estoit autant seant de l'escrire, que de le practiquer.

S'il est question du bien dire, les Graces ont mis plus de miel sur vos levres, que les abeilles ne firent sur celles de Platon. Si pour des maximes d'estat, vous n'en devez rien à Polybe. Il n'est poinct de droict si scabreux que vostre iugement ne penetre. Il n'est question en la Philosophie que vous ne puissiez soudre par vn bon sens naturel, que l'on remarque en vous. Il n'est partie des Mathematiques qui ne vous soit cognuë. Les histoires, & les antiquitez vous sont familiaires. Vous vous iardinez à plaisir dans les lettres humaines, dont vostre heureuse memoire en desployе tousiours quelque gentillesse à propos. Vous sçauez parfaictement bien cinq ou six sortes de langues, Françoise, Italienne, Espagnolle, Allemande, Latine, & n'estes du tout point apprentif à la Grecque.

Dois-ie donc craindre de me mesprendre en vous dediant ce petit traicté du Poinct Mathematique, à vous, dis-je, Monseigneur, qui estes venu à ce poinct de subtilité, que tous les Theoremes d'Euclide vous seruent plustost de ieu que d'Estude.

En ce poinct puis-ie auoir peut estre failli d'auoir offert à vn personage si grand, une chose si petite qu'vn poinct : mais vous-vous estonnerez, si ie fay voir clairement en la suitte de ce discours, qu'il n'y a rien en tout l'vniuers de plus grand, de plus excellent, ny de plus admirable que le Poinct, ny qui plus symbolise auec la Diuinité mesme : car *c'est le principe de tout corps: Il est par tout sans occuper de lieu, il borne tout sans estre borné, il est immateriel, inscrutable, infiny, impartible, immuable, impassible & inalterable, toutes lesquelles proprietez se retrouuent en Dieu.*

Ce n'est donc, Monseigneur, une chose si mesprisable que ie vous offre: & s'il me faut recognoistre les bien-faicts, desquels vostre heroïque liberalité a voulu preuenir mon merite, il est à propos que ie commence à le faire auec toutes les dimensions de l'esprit, par cela mesme, qui est le principe des dimensions du corps: Et que ce Poinct soit le centre, auquel toutes les lignes de mes affections aboutissent pour rechercher vn honneste repos à l'abry de vos douces faueurs: Vous asseurant que tant que vous serez gloire d'estre le Mecene des gens de lettres, ie feray gloire de me dire en tous lieux,

MONSEIGNEVR,

Vostre tres-humble & tres-obeïssant seruiteur,

SCIPION DE GRAMONT.

AV LECTEVR HVMAIN.

CE petit traicté du Poinct Mathematique est né par occasion, plustost que par dessein d'vn discours incidamment tenu sur ce suject: apres lequel vn personnage, qui a beaucoup de pouuoir sur mes volontez, me fit promettre d'en escrire ce que i'en auois dict. I'aduouë que la plume tira vn peu plus de longue que ie ne m'estois proposé, s'estant biẽ souuẽt ietée à quartier sur la recherche de plusieurs belles curiositez, qui s'alloit peu à peu descouurant, lesquelles ie n'ay pas faict difficulté de mettre au iour pour la satisfaction de ceux qui m'õt fait l'honneur de le desirer. La matiere est vn peu scabreuse & subtile, puisée de la Philosophie & des Mathematiques, mais qui n'a pourtant iamais paru, ny sur les chaires, ny dans les liures, habillée de la façon que ie la produis.

Il seroit à desirer que l'on fit en tout le reste des sciences, ce qu'on practiquoit anciennement en la Medecine, où chasque Medecin prenoit vne certaine partie du corps humain, en la cure de laquelle il employoit tout son art, y ayant vn particulier Medecin des yeux, vn autre de l'estomach, vn autre du ventre, & ainsi consecutiuement. Tout de mesme chasque bel esprit deuroit faire choix de quelque particulier chef, pris sur la generalité des sciences, qui fut plus à son goust, pour l'enrichir & embellir de toutes les raretez dont il se pourroit aduiser : ce que font encore pour le iourd'huy les Academiques és principales villes de l'Italie. Au reste, le Lecteur humain excusera certains termes, qu'il trouuera moins receuables en nostre langue, & ne me sçaura mauuais gré de m'estre voulu faire entendre au preiudice du bien dire, ayant mieux aymé desrobber les paroles au sens, que non pas le sens aux paroles.

DE LA NATVRE, QVALITEZ ET PREROGATIVES ADMIRABLES du Poinct.

Du Poinct en General.

CHAPITRE PREMIER.

TOVS ceux qui ont traicté des pures Mathematiques, qui ne sont attachées à aucun subject materiel ou sensible, se sont amusez à parler des lignes courbes ou droictes, pour en dresser les figures, tant regulieres, qu'irregulieres, ou des surfaces, pour en trouuer les aires & capacitez, ou en fin des soliditez, pour en mesurer les corps, suiuant les regles de la Stereometrie: Mais nul, que ie sçache, ne s'est iamais ingeré à traicter du poinct Mathematique, soit qu'on l'aye mesprisé, comme chose de peu de consequence, ou que l'on aye creu que ce fut vn champ par trop sterile pour y semer ses labeurs.

Mais c'est cela plustost qui deuoit animer leur courage au pourchas de semblables essais, esquels la matiere emprunte la loüange de l'industrie de son autheur: car nous voyōs que les plus beaux esprits ont tousiours recherché la grandeur de la gloire dans la petitesse de leur ouurage. Celuy qui fit la nauire d'iuoyre, esquippée de tout son attirail necessaire, qu'vne mouche à miel pouuoit couurir de ses aisles, n'estoit moins à priser que cest autre qui bastit le grād vaisseau nōmé Telamegus long d'vn demy stade. Et le graueur qui burina dans le rond d'vn petit denier le grand Polypheme dormant, & autour de luy cinq ou six Ciclopets qui luy mesuroient le poulce auec vne aulne, merite autant ou plus de loüange que le fondeur qui ietta en bronze le grād Colosse de Rhodes, entre les iambes duquel passoient les nauires auec les voiles tendues. Ainsi plusieurs autheurs se sont donnez carriere sur des maigres subiects, soit pour faire preuue de la fertilité de leur esprit, soit pour monstrer la force de l'eloquence, & comme ses plantureuses sources ne tarissent iamais en la bouche de ses enfans.

Les vns ont fait des liures sur la fourmy, les autres sur la mouche, comme Lucian qui en a fait vn Panegirique. Homere s'est amusé à chanter le combat des rats & des grenoüilles: Et apres luy Virgile a fait vn Poëme entier sur le moucheron. Plutarque a traicté du grillon, Messala fit vn liure entier sur chasque lettre de l'Alphabet. Fauorin a loüé la fievre quarte, & Carneades l'iniustice, Pic de la Mirande la Barbarie, & Erasme la folie. On a fait des discours dessus l'ombre de l'asne. Democrite a escrit des atomes. Passerat a fait vn Poëme Latin sur le rien, & Guersan vn François sur les cornes. I'ay veu vne belle & longue oraison faicte sur le pied d'vne mouche: vn certain autheur moderne fit dernierement vn liure sur vn festu, & moy i'en fais vn sur vn poinct, qui est encore moins que tout ce dont nous venons de parler: car le poinct des François, & le niente des Italiens sont vne mesme chose. Que si ie voulois tirer les choses par le nez, comme font plusieurs en de bien plus amples sujects, i'en pourrois faire des volumes entiers: car il n'y a quasi science ou art, tant des liberaux que des mechaniques, où l'on ne retrouue le poinct.

En l'Astrologie l'on cõsidere ces deux fameux & remarquables poincts, à sçauoir le vertical, que les Arabes appellent en leur langue Zenith, & son opposite qu'on appelle Nadir. Ie laisse à part les quatre poincts cardinaux, où se font les Solstices, & les Equinoxes, auec les deux celebres poincts de l'Auge & du Perigee. Les Genethliaques ou faiseurs d'Horoscopes remarquent sur toutes choses le poinct de l'Ascendant en la premiere maison. Et les quatre angulaires, que les Latins appellent gonds ou tours, les Grecs les nomment centres, qui est autant à dire comme poincts.

La grandeur des Eclipses, tant de la Lune que du Soleil, ne se mesure que par des doits, ou poincts

Ecliptiques. Les Geographes ne tirent leurs mesures que de ces quatre poincts si cognus, Orient, Occident, Midy & Septentrion, dont les premiers seruent aux longitudes, & les derniers à cognoistre les latitudes. Les Medecins obseruēt tres-soigneusement les poincts de leur crise. La Geomance est entierement fondee sur les poincts iettez à l'auanture, puis colligez & reduicts en diuerses figures, suiuant les regles de l'art, pour en iuger des succez & euenemens sur lesquels on les dresse. Les Iurisconsultes ont leur Poinct de droict, & ceux qui veulent auoir quelque grade en cest art, prennent leurs poincts pour estre examinez sur iceux. On sçait assez de quelle importance est le moment & le poinct de la possession, quand la prescription se faict ἐν ῥοπῇ, comme disent les Grecs, ou ἐν ἀτόμῳ car le fils qui est en la puissance du pere, ne peut iouïr de ce poinct ou moment, en acquerant quelque chose, *l. placet dig. de acquir. vel omit. hæred.* Ce moment est capable de donner la liberté à qui autrement naistroit serf, *l. Arethusa dig. de statu homin.* Ce poinct encore apporte vn tel preiudice au mineur, qu'ayant commencé à contracter au premier moment de l'an 26. il ne peut estre restably ny reintegré. *l. denique §. Minorem dig. de Minor.*

Les naturalistes contemplent le poinct de la reflexion qui se fait au mouuement local, où le mobile se repose, tel qu'est celuy d'vne pierre iettee en haut, quand elle se vire pour retomber. Il n'est rien de plus commun parmy eux que les termes ou poincts de grandeur & petitesse. Tous les momens de temps, les instans de toute generation & alteration pour commencer & finir vne action, ne sont que des poincts.

L'Eternité mesme n'est appellee par Boëce qu'vn poinct indiuisible. Mercure Trismegiste reduit toute l'essence diuine à vn seul poinct, disant, que Dieu est vn cercle intelligible duquel le centre est par tout, & la circonferẽce en nulle part. Et les Theologiens tiennent, que si Dieu par sa toute-puissance estoit la quantité à vn corps, toute sa substance se reduiroit en vn poinct.

Les Grammairiens ont leurs poincts & virgules pour lesquels ils se debattent souuent, auec autant d'animosité comme firent iadis Cesar & Pompee pour l'Empire Romain, & d'où naissent bien souuent des grandes disputes és testamens, contracts & autres escritures de telle consequẽce, que pour vn poinct mal pris, ou mal mis, on court fortune de perdre non seulement les biens, mais encore la vie; comme il arriua à ce personnage, lequel alla temerairement à la guerre souz l'asseurance d'vn vers qui luy fut rendu par l'oracle,

Ibis, redibis non moriere in prælio.

Car l'expliquant a son auantage, il mit le poinct apres le second mot, qui deuoit estre mis aprês le troisiesme, comme le succez le monstra.

La Rhetorique à son poinct de decision, qui resulte du conflict de la raison du defendeur, & de l'instance de l'accusateur, en l'estat & constitution de la qualité, que les Grecs appellent τὸ κρινόμενον comme qui diroit le poinct ou le nœud de l'affaire. Les orateurs diuisent ordinairemẽt leurs discours en trois ou quatre poincts. Et les Poëtes n'ont rien de plus ordinaire en leurs descriptiõs que le poinct de l'aurore, ou du iour. Les Cauallìers n'ont-ils pas encore leur poinct d'honneur, pour lequel ils s'entrecoupent la gorge, plustost que pour les sepulchres de leurs maieurs?

Tous les ieux de hazard, qui font rouler tant d'argent sur les tables, & dont la moindre perte est du temps, sont fondez sur les poincts, en la combination desquels est fondé l'heur & le malheur, le gain & la perte, suiuant qu'il plaist à l'aueugle fortune de le distribuer. Tellement que d'vn poinct de plus ou de moins que rameine la chance, depend quelquefois toute vne maison ou vn heritage. Les anciens se seruoient en leurs dez de certaines figures au lieu de poincts: car il y auoit les chiens, le basilic, le vautour, Hercule, Venus, &c. lesquelles figures par apres ils chãgerẽt en poincts. Venus estoit le six & le meilleur, qui le ramenoit, estoit Roy du banquet, & prescriuoit à vn chacun le nombre des coups qu'il deuoit boire, *Cui Venus arbitrium dedit bibendi.* Les chiens signifioient les vnitez, & estoit le poinct desastreux, comme à nous les as font hazard en la chance, *Damnosos effugiasque canes.*

Les Hebrieux n'ont rien trouué de plus propre pour exprimer les voyelles de leur Alphabet, que les poincts inuētez par les Massorettes. Et les Rabbins par les orchemes & metatheses de ces points, trouuent des grands mysteres pour l'ordre des Sephirots, tant au Beresith qu'au Mercaua. Les anciens Romains en la creation de leurs Magistrats, ne donnoient leurs suffrages qu'auec des poincts. A laquelle coustume a voulu regarder le poëte Lyrique, quand il a dit,

Omne tulit punctum qui miscuit vtile dulci.

Chose à la verité digne de grande consideration, & qui fait beaucoup à la loüange de la matiere que nous traictons ; que la creation des offices, la promulgation des loix, les traictez de la paix & de la guerre, les ligues, les accords, les ambassades, la vie mesme & la mort des citoyens ; & pour dire en vn mot, tous les plus graues & importans affaires de ceste grande Republique, ne dependoient que des poincts.

Les racourcissemens, les reliefs & les ombres de la Sciografie prennent leur origine du poinct visuel, où doit estre placé l'œil, & d'où partent les lignes qui vont faire les angles de l'incidence. Et la veuë mesme quoy, qu'elle agisse en rond, & comprenne en effect toute vne surface luisante ou coloree, si ne sçauroit-elle s'arrester fixement que sur vn poinct, qui fait le centre de la circonference visible. D'où vient aussi que tirans au blanc, nous ne visons qu'à vn poinct, qui est celuy du milieu, pour lequel frapper il n'y a qu'vne ligne qui puisse y conduire la fleche : mais il y en a vne infinité qui l'en font esgarer. L'esguille aymantee regarde vn certain poinct en terre deuers la Tartarie, & decline de son meridian plus ou moins vers le Leuant, que l'on appelle Nordester, en terme de marine.

Bref, toute la machine celeste roule cõtinuellement, & se meut sur deux poincts immobiles, qui sont les deux poles. Et le globe terrestre, bien qu'il soit en effect de quelque considerable grandeur, n'est pourtant estimé qu'vn point au prix du firmament: car il n'empesche poinct que nos Antipodes ne voyent à leur Horizon la mesme estoile que nous voyons au nostre, encore que toute l'espesseur de la terre y soit interposee, qui ne sert de plus grãd obstacle à leurs yeux, que feroit vn festu en lair, pour nous empescher de voir vne montagne. Aussi est-elle appellee centre de l'vniuers: & vous sçauez que le centre est vn poinct mis au milieu de la circonferance, où toutes les lignes vont aboutir.

Mais entre toutes les sciences, il n'y en a nulle qui aye plus grande raison de traicter du poinct, que les Mathematiques: car le poinct est le principe de la quantité, cõme l'vnité l'est du nombre. La ligne, dit Euclide, se fait du flux du poinct, & sans iceluy n'y auroit aucune figure reguliere, excepté l'ouale & le cercle (lequel encore demande vn poinct pour son centre): car toutes les figures regulières ont necessairement des angles, & nul angle ne se fait sans le poinct, par lequel sont conioinctes

ioinctes les extremitez des lignes qui le font: c'est en vn poinct que se faict toute l'intersection des lignes. C'est luy qui est cause que tous les angles qui se font à l'entour d'iceluy sont esgaux à quatre droicts. Les poincts ne peuuent admettre la pluralité des lignes droictes entre eux: car d'vn poinct à vn autre ne s'en peut tirer qu'vne seule, voire mesme d'vn poinct à vne mesme ligne droicte ne peuuẽt estre menees que deux lignes esgalles, comme encore d'vn mesme poinct pris hors le cercle ne peuuent estre tirées que deux lignes droictes qui touchent la circonference sans la couper. Et d'vn poinct à vne mesme ligne droite ne peut estre menée qu'vne seule perpendiculaire. Le poinct encore est le principe de l'infinité; car si d'iceluy procedent deux lignes, faisans vn angle tirées infiniement, elles s'esloigneront si fort l'vne de l'autre, qu'elles comprendront vne infinie distance. C'est le poinct qui assemble les choses les plus esloignees; car les lignes qui ne sont paralleles, & s'approchent tousiours de quel lieu qu'elles partent, viendront finalement se conioindre en vn poinct. Tellement que si deux plombs estoient deualez auec des cordes, des parties les plus esloignees du Firmament iusqu'au centre de la terre, ils se rencontreroient en vn poinct. Si deux cercles se touchent, ils ne se toucheront qu'en vn poinct. Le poinct ne veut permettre qu'vn globe touche vne surface plaine que par luy seul. En vn cercle il n'y a point de ligne droicte, tirée d'vne partie de la circonference à l'autre, qui soit si grande, comme celle qui passe par le poinct du centre.

C'est ce poinct qui a fait entrer en lice deux grands champions de la Geometrie, à sçauoir Clauius & Peletier, sur la dispute fameuse qu'ils ont eu touchant l'angle du contact, qui se fait de la ligne droicte auec la circulaire, l'vn soustenant que ce n'est pas vn angle, & qu'il n'a nulle quantité, & l'autre soustenant le contraire.

C'est là dessus qu'est fondé l'Enigme de Cardan, disant qu'il se trouue vne quantité laquelle se peut augmenter iusqu'à l'infiny, & vne autre laquelle se peut diminuer aussi iusqu'à l'infiny: & toutefois la grande pour si grande qu'elle puisse estre, se trouuera tousiours moindre que la petite, pour si petite que vous l'imaginiez, qui n'est autre chose que cest angle de contact, ou de cõtingence dont nous parlons, lequel s'augmente tousiours par la description des cercles qui vont s'amoindrissans, & toutesfois pour si grand qu'il soit, il se trouuera encore moindre qu'vn angle rectiligne, pour si petit que vous le conceuiez, comme demonstre Euclide en la propos. 16. du 3. liure des Elemens. Mille autres merueilles du poinct mathematique pourrois-ie apporter en ce lieu, n'estoit que ie me reserue d'en estaller quelques-vnes des principales en la suitte de ce discours.

Que le poinct est tres-difficile à cognoistre.

CHAP. II.

C'Est vne chose estrange, mais toutesfois veritable, que les choses les plus communes sont ordinairement les moins entenduës. Il n'y a rien de plus vulgaire que le temps, & que l'on aye plus souuẽt en la bouche, & rien pourtãt n'est si abstrus que la nature d'iceluy. Tellement que S. Augustin auec toute la subtilité de son bel esprit, confesse ingenuëment qu'il ne sçait comprendre le temps, ou pour le moins l'expliquer, quand il dit, Si quelqu'vn me demande qu'est-ce que le temps, ie ne le sçay poinct, si personne ne m'en interroge, ie le sçay. C'est pourquoy les Egyptiens l'exprimoient par le Hieroglyphe d'vn serpent, qui cachoit le bout de la queuë dedans sa bouche. La mesme difficulté se retrouue du lieu; car quoy qu'il n'y ait rien de plus ordinaire, & dont on parle tant à toute heure, & à tout moment, si est-ce que les anciens Philosophes ont fort ahané à le cognoistre, & ne l'ont iamais sceu comprendre, à ce que dit Aristote, qui a bien de la peine luy-mesme à s'en demesler au quatriesme liure de sa Physique. I'en puis tout autãt dire de la quantité sur laquelle toutes les grandeurs, dimẽsions & mesures se fondent: car nous n'auons rien de plus commun que cela, & rien de moins entendu que la vraye essence

& nature de ceſt accident, pour lequel les Philoſophes, tant anciens que modernes, ſont en perpetuelle querelle. Il ne faut donc s'eſtonner ſi le Poinct duquel on parle tant, eſt ſi difficile à cognoiſtre, combien qu'il n'y aye eſprit ſi groſſier, qui ne le cuide ſçauoir.

Mais entre les choſes difficilles, celles-là ſont les plus eſloignées de noſtre cognoiſſance, qui ſont les plus eſloignées des ſens: car ce ſont les portes ou les feneſtres, par leſquelles l'entendement reçoit les eſpeces de tout ce qu'il comprend. Or le poinct eſtant inuiſible, impalpable, & hors la iuriſdiction de tous les ſentimens, il s'enſuit qu'il eſt bien malaiſé de l'entendre, & moins de l'exprimer. D'ou vient qu'Ariſtote dit aux liures de l'Ame, que le poinct ne ſe cognoiſt que par la priuation.

Quelqu'vn me dira que le poinct eſt viſible, & qu'on le peut voir clairement marqué ſur le papier. Mais on ſe trompe bien ſi l'on croit que ce ſoit là le poinct dont nous parlons: car en ceſte petite marque que l'on fait auec le bec de la plume, ou la pointe d'vne eſguille, pour ſi deſliée qu'elle ſoit, eſt pluſtoſt vne ſurface qu'vn poinct indiuiſible: & ne faut nullemẽt douter qu'en ceſt eſpace, pour ſi petit qu'il puiſſe eſtre, ne ſoient contenus dix millions de poincts, tels que les Mathematiciens les conçoiuẽt. Ie ne nie pas qu'on ne voye le poinct conioinctement auec la ſurface, mais non pas ſolitairement, & comme qui diroit à part ſoy: car la perſpectiue nous monſtre que la viſion ne ſe peut faire, que par le moyen de la pyramide que font les rayons visuels, dont la base tient à l'obiect: & le cone ou la poincte vient aboutir à la prunelle de l'œil, faisant par ce moyen vn triangle, dont la base ayant quelque extention, ne peut estre vn poinct, mais plustost vne ligne: Ainsi monstrerons-nous par apres que le mesme poinct ne se peut mouuoir de soy du mouuemēt local, ny receuoir les impressions de chaut, de froid, ou autre qualité sensible: mais par accident seulement, entant qu'il est conioinct à la quantité qui en est susceptible, comme nous disons qu'on eschauffe la douceur, ou la blancheur, quand on eschauffe le laict. Et voyla vne des causes qui rend la nature du poinct difficile, à sçauoir de la condition qu'il a de n'estre point sensible, pour n'estre point corporel.

Il le faut donc comprendre auec l'entendement, comme les choses immaterielles: mais encore auons-nous bien peu d'aide & de lumiere pour le cognoistre auec ceste puissance, d'autāt que l'outil necessaire à toute cognoissance intellectuelle, qui est la definition, nous manque & nous defaut en ce poinct. La definition est la clef, qui nous ouure l'essence & la nature des choses, c'est le flambeau de la verité, & le rayon vnique qui nous esclaire en la recherche d'icelle: c'est la mere de la science, la reigle & la touche de la raison, qui discerne le vray du faux: & pour dire en vn mot, l'œil par lequel l'ame void & penetre au dedās par les especes intelligibles ce que les sens exterieurs ne voyent qu'au dehors. Il eſt donques difficile de bien comprendre ce qu'on ne peut definir. D'où vient que ny des ſouuerains genres des Cathegories, ny des indiuidus des eſpeces, ne ſe peut eſtablir aucune ſcience, parce que rien ne ſe peut ſçauoir parfaictement, ſans la demonſtration: & toute demonſtration demande neceſſairement la definition du ſujeɛt, laquelle on ne ſçauroit retrouuer és genres ſuperieurs, parce qu'ils n'ont point d'autres genres par deſſus eux, ny és Indiuidus ou particuliers, parce qu'on ignore leurs differences. De là vient que rien ne peut eſtre defini, qui ne ſoit vniuerſel. Et parce que la ſcience eſt des choſes eternelles & immuables, les particuliers qui ſe changent, & ſe corrompent pour eſtre attachez à la matiere, & couuerts de mille accidens alterables, ne peuuent eſtre rangez ſouz aucune ſciẽce comme tels: mais bien les natures vniuerſelles, qui pour eſtre deſpoüillées de tous accidens, ſont touſiours les meſmes, & par conſequent d'icelles s'en peut faire des demonſtrations, parce qu'on en peut auoir les definitions.

Mais du poinct qui ne peut auoir ny genre ny difference, quelle definition en ſçauriõs nous donner? De genre n'a-il point, car s'il en auoit, il faudroit l'emprunter de quelqu'vne des dix Cathegories. Or eſt-il que le poinct n'eſt ny ſubſtance, ny quantité, ny qualité, ny relation, ny action, ny aucun des autres predicamẽs, il ne peut donc auoir la premiere piece de la definition, qui eſt le genre, moins encore l'autre, qui eſt la difference; car elle ſe prend de la forme, comme le genre de la matiere: Or le poinct n'a de forme ny Phyſique, ny Methaphyſique, car elles ſont comme parties ou actuelles, ou graduelles d'vn tout, mais le poinct n'a point de parties pour eſtre indiuiſible; & luy en vouloir dõner par la conception de l'entendement, ſeroit entierement le deſtruire. Voyla donc comme le poinct eſt obſcur, & s'il faut ainſi dire incomprehenſible, comme nous auons dit au premier chapitre.

Si le poinct eſt vne choſe reelle.

Chap. III.

COmme tout ce qui reluit n'eſt pas or, auſſi faut-il croire que tout ce que nous croyons eſtre quelque choſe, ne l'eſt pas veritablement & de fait, mais que l'entendement ou l'imagination meſme ſe forge des choſes qui ne ſont, & ne furent iamais, deſquelles toutesfois on diſpute comme ſi elles auoient quelque eſtre reel. En ce nombre pouuons nous mettre les priuations, que nous conceuons comme formes reelles, qui toutesfois ne ſont rien, priſes formellement, bien qu'elles ayent quelque fondement en nature, comme eſt la mort, l'aueuglement, l'ombre, le peché, & autres ſemblables. En ce rang ſont encore compris les vniuerſels, leſquels ne ſe retrouuent en l'vniuers, que par la ſeule operation de l'entendement, comme l'animal, l'homme, & tous les autres compris ſouz le nom de genre & d'espece: car il n'y a point en la nature quelque animal, ou quelque homme commun: puis que tout ce qui est au monde est particulier, & que toutes les actions aboutissent aux singuliers, s'il est vray comme il est en vraye Metaphysique, que l'existance est le dernier acte de chasque chose, laquelle suppose tousiours la nature circonstantiée de toutes ses affections indiuiduelles, & par consequent singuliere.

Que si nous parlons de l'homme en general, ce n'est pas qu'il s'en trouue quelqu'vn au monde qui soit tel, mais l'entendement ne laisse pas de le conceuoir tel, par la vertu qu'il a de despoüiller la nature commune des conditions singulieres, par le moyen de la precision ou de l'abstraction, & semblables choses ne sont que lors que l'entendement ou la raison les conçoit, d'ou vient qu'on les appelle estres, ou estants de raison, autrement & en termes de l'art, secondes intentions. Or ceste abstraction n'est pas telle, que veritablement & reellemēt elle separe vne chose de l'autre, mais par l'imagination seulement, ce qui se fait en considerant vne chose sans considerer les autres qui l'accompagnent: comme par exemple, l'œil contemplera en la pomme la couleur qu'il y aperçoit, & ne considerera point l'odeur, ny la sçaueur, pour n'estre point de sa iurisdiction; mais bien de celle du goust & de l'odorat. Et en ceste operation, le sens de la veuë fait vne precision, ou abstraction du reste des qualitez qui sōt en la pomme, hormis de celles qui

qui sont de son ressort, comme la couleur & la quantité: ce n'est pas pourtãt que l'œil nie que les autres accidens sensibles n'y soient: car les abstractions n'affirment & ne nient rien qui soit, d'où viẽt qu'il n'y a point de mensonge en icelles, comme dit Aristote: mais ce n'est pas à ce sens de cognoistre de ces autres obiects. De mesme le sens commun qui reside en la partie anterieure du cerueau en la contemplation de quelque object, fait vne abstraction de la presence d'iceluy: ce que ne peut faire le sens exterieur, qui ne peut attaindre l'object, s'il ne luy est represẽté en effect, ou par la ligne droite, ou par celle de la reflexion, comme il se fait au miroir: mais le sens commun ayant vne fois receu l'espece, n'a plus besoin de la presence de l'object pour le perceuoir par l'action, que nous appellons cogitation ou pensée. Or iaçoit qu'il puisse faire ceste abstraction en ce qui est de la presence de l'object, il ne peut neantmoins le faire en ce qui est de la singularité: car il ne le sçauroit conceuoir, sinon particulier & determiné.

Mais la puissance de l'entendement, comme plus noble que celle des sens, tant exterieurs qu'interieurs, outre la presence de l'object, fait encore vne precision de la singularité, & considere les natures des choses, sans considerer la presence ny la singularité, ou autre accident que ce soit. Tellement que l'œil ne peut par exemple perceuoir vn hõme s'il n'est present, le sens commun ne le conçoit que comme tel homme, c'est à dire singulier & determiné. Mais l'entendement ne considere ny l'homme present, ny quelque homme particulier, mais l'homme en general, c'est à dire la pure nature humaine auec ses attributs essentiels, sans entrer en cõsideration de quelque homme particulier compris souz telle espece. Ie serois trop long si ie voulois mettre icy toutes les autres sortes de choses intentionnelles, qui n'ont nulle existance que par l'entendement, lesquelles toutesfois plusieurs rangent au nombre des reelles, entre lesquelles ie ne faindray point de mettre le nombre, quoy qu'Aristote en face vne espece de quantité discrete en ses Categories: car le nombre où il est pris materiellement, ou formellement: si vous regardez sa matiere, qui n'est autre que les choses mesmes nombrées, vous trouuerez que ce sont plustost des substances que des quantitez, comme sont trois hommes, quatre Elemens, &c. Si vous considerez la forme en quoy consiste la vraye nature du nombre, vous trouuerez que ce n'est qu'vne collection d'vnitez faite à plaisir, & qui depend de l'entendement de l'homme, conioignant tant d'vnitez & non plus, & leur donnant le nom de trois, ou de quatre, ainsi que bon luy semble, ou bien le nombre dependra de l'ordre que l'on a donné à ces vnitez, les appellant premiere, seconde, derniere, suiuant qu'il a pleu au numerateur de commencer à compter. Ainsi, Saturne est le premier planette à qui commence de haut en bas, & le dernier à qui commencera par la Lune.

Les relations vont quaſi de meſme train : car encore que deux murailles ſoient blanches, & que ſur ceſte blãcheur ſoit fondée la ſimilitude ; ce n'eſt pas à dire pourtant qu'elle aye de ſoy quelque exiſtance reelle. Les murailles ſont veritablement quelque choſe, & la blancheur auſſi, auant toute operation de l'entendement ; mais la ſimilitude n'eſt rien, ſinon par le moyen du meſme entendement, conferant & rapportant l'vne à l'autre ; car relation eſt vn mot verbal, qui ſignifie l'action de referer, ou rapporter vn relatif à l'autre, laquelle operation ceſſant, la relation auſſi ne ſera point. Et certes i'ay iugé touſiours vne choſe tres-ridicule, de dire que lors que l'on noircit vne de ces murailles, l'autre qui en ſera eſloignée peut eſtre de cent pas, perde quelque choſe reelle qui ſoit en elle, ſans qu'on la touche en aucune façon : car ie ne voy pas qu'il luy arriue vne plus grande mutation qu'il feroit au Louure, que i'aurois à main gauche en montant la riuiere, & puis à droicte en deſcendant.

Tout ce diſcours n'a eſté pour autre fin que pour monſtrer la difference qu'il y a entre les choſes reelles, & celles que l'on appelle de la raiſõ, ſans mettre en ligne de compte les pures fantaſies que l'on appelle Chimeres, comme ſont les Centaures, les hydres, la ſphinx, & autres choſes monſtrueuſes qui ne furent iamais, afin que l'on puiſſe mieux comprendre ſi le poinct Mathematique duquel nous parlons, doit eſtre mis entre les choſes reelles ou intentiõnelles, ce que nous allons voir au chapitre ſuiuant.

Que le poinct n'eſt pas vne pure imagination.

CHAP. IV.

CEux qui tiennent que le poinct Mathematique n'aye aucune exiſtance reelle, que celle qui luy eſt donnée par l'operation de l'entendement, ſe fondent principalement ſur ceſte opinion, que tout ce qui ne peut eſtre actuellement, & de fait ſeparé d'vn autre, n'a point quelque eſtre particulier : & en ceſte façon ils ne mettent aucune diſtinction entre la figure & la quantité, parce que l'vne ne peut eſtre ſans l'autre, ny par conſequent entre le terme, & la choſe terminée par iceluy, comme ſeroit entre la ligne & le poinct qui la borne: car encore qu'ils voyent bien que la ligne eſt bornée, autrement elle ſeroit infinie, ils diſent neantmoins que là ou elle vient à manquer, il n'eſt beſoin d'admettre quelque terme reel, comme nous mettrons le poinct, ains ſeulement vne negation d'vne plus longue eſtenduë. Mais ces gens là me ſemblẽt auſſi groſſiers que ceux qui n'admettẽt aucun corps qui ne ſoit viſible, & par ainſi croyent qu'il n'y ait rien du tout dans vn tonneau vuide de vin, ou de quelque autre liqueur, ne prenant pas garde qu'il eſt rempli d'air, & que l'air eſt vn corps qui occupe lieu, & qui a toutes les dimenſions d'vn vray corps.

Sans m'arrester donc à telle maniere de gens, indignes du nom de Philosophe, ie monstreray clairement cõme le poinct Mathematique dont nous parlons a de la realité en soy: Premierement nul ne doute que la ligne ne soit veritablement & réellement terminée, donc ce qui la termine doit estre réel: Or ce ne peut estre la derniere partie de la ligne: car estant partie, elle est diuisible, puis rien qui soit diuisible ne peut estre l'extréme de quelque chose: car s'il estoit ainsi, lors que deux corps se touchent, il s'en ensuiuroit penetration de dimensions que la nature ne peut admettre: ce que ie preuue par la definition d'Aristote, qui dit que les choses contigues, sont celles dont les extremitez sont ensemble: si ces extremitez dõc estoiẽt des quantitez, elles seroient ensemble, & par consequent se penetreroient & entreroient l'vne en l'autre: il faut donc que ces extremitez là soient indiuisibles, & par consequent des poincts ou de surfaces. Vous me direz peut-estre que la ligne a ces extremitez d'elle-mesme, sans qu'il soit besoin d'admettre ces poincts. Et que si Dieu venoit à les oster, la ligne ne laisseroit pour cela d'estre terminée, autrement elle seroit infinie: A quoy ie respons que posé le cas que la chose fut possible, à sçauoir que l'on peut oster les extremitez de la ligne, alors elle seroit bornée, non positiuement mais negatiuement, à la façon que veulent les nominaux.

D'ailleurs la quantité continuë ne differe d'auec la discrete comme est le nombre, sinon en ce que l'vne a des parties conioinctes par quelque terme commun, & l'autre n'en a point: Or rien ne peut conioindre les parties de la quantité cõtinuë que le poinct, il le faut donc admettre de toute necessité. Mais quoy, dira quelqu'vn, les parties ne se peuuent-elles pas cõioindre l'vne auec l'autre par elles-mesmes, sans auoir besoin de ce poinct metoyen? A cela ie responds que non: car toute conionction dict vn rapport ou relation de deux choses qui sont conointes: Or ce qui les conioint doit estre commun à tous deux, autrement il ne conioindroit pas l'vn auec l'autre: que s'il est commun, il faut qu'il soit indiuisible: car s'il estoit diuisible, il ne seroit pas commun, mais vn costé apartiendroit à l'vne des parties conioinctes, & l'autre à l'autre, tellement qu'il seroit besoin d'vn autre conionctif, lequel ne peut estre que le poinct en la ligne, & la surface au corps.

Ceux qui veulent que la quantité continuë ne soit point composée, mais la tiennent comme vne chose simple, ne sont point tenus d'admettre ces poincts copulatifs, puis qu'ils n'admettent point les parties. Mais sauf meilleur aduis, il faut necessairement admettre de la composition, là où l'on trouue pluralité & diuersité auec vnité. Or tout le monde peut voir qu'en vn baston ou verge, vne partie sera verte, l'autre seiche, vne chaude, l'autre froide, l'vne dans l'eau, l'autre dehors, & bref que l'vne n'est pas l'autre: ce qui monstre pluralité & diuersité tout ensemble en vnité de suject, qui est l'vnité de la verge: elle ſera donc composée, & partant aura des parties, leſquelles ne laiſſent pas d'eſtre parties, pour eſtre coniointes enſemble, & composer le tout; au contraire quand elles sont ſeparées, elles ne sont plus parties actuelles du tout qu'elles composoient, mais chacune d'icelles fait vn tout different & particulier.

La troiſieſme raiſon pour monſtrer la realité du poinct Mathematique ſe tire du mutuel attouchement du corps rond auec le plain: car ſi vn corps parfaictement ſpherique, comme eſt vne boule de marbre ou d'airain tres-exactement arrondie, eſt poſée ſur vn porfire, ou ſur la glace d'vn miroir parfaictement vni, c'eſt la verité que la boule ne touchera le miroir qu'en vn ſeul poinct indiuiſible, tout ainſi que le cilindre ne touche l'aire plaine qu'en vne ligne ſans aucune largeur. Il faut donc admettre réellement ce poinct, puis que l'attouchement eſt réel. Or ie demonſtre viſiblement par les maximes de la Geometrie, que le globe rond ne touche la ſurface plaine qu'en vn ſeul poinct, & iceluy indiuiſible: car s'il ne la touche en vn poinct, il faut qu'il la touche en vne partie de la ligne conuexe, laquelle portion de ligne venant à s'adiouſter auec la ſurface du corps plain, ſera par conſequent droicte: or eſt-il que nulle portion de la circonference conuexe pour ſi petite qu'elle ſoit, ne peut eſtre droicte, autrement il s'en enſuiuroit trois inconueniens, l'vn que la ligne circulaire auroit quelque angle: car la ligne droicte ne ſe peut conioindre auec la courbe qu'en vn angle que l'on appelle mixte ou meslé, l'autre que la circonference du cercle ne consteroit point d'vne seule ligne, contre la definition de ceste figure: car où l'on admet quelque angle, il faut admetre deux lignes. Le troisiesme, que les lignes tirées du centre à la circonference du cercle seroient inesgalles, contre la definition du mesme cercle: car les deux lignes qui seroient aux deux costez de la perpendiculaire seroient plus longues que ladicte perpendiculaire, pour estre les costez opposez aux angles droicts de deux triangles rectangles, dont les bases s'estendroient sur la plaine surface, si le corps spherique la touchoit en vne ligne, & non pas en vn poinct, comme il faut necessairement aduoüer.

Quelqu'vn de contraire opinion se voyant violenté du tout par la force de ces raisons, mettra par aduenture en auant, pour vn dernier refuge, la difficulté qu'il y a de trouuer par nature ou par art vn tel rond & vne telle surface pleine, ou les iustesses sur lesquelles nous fondons nostre preuue soient exactemẽt obseruees. Mais c'est vn eschappatoire: car outre qu'on ne sçauroit prouuer que la chose soit impossible, l'argument ne laisse pourtant d'auoir sa vigueur: car on le supposera tousiours, & les suppositions en matiere de Geometrie, ne sont nullemẽt contraires à la varieté de la demonstration, encore qu'on ne les reduise iamais à la pratique, comme sçauent tres-bien ceux qui sont versez en ceste science.

Qu'est

Qu'est ce que le poinct.

Chap. V.

ENcore que nous ayons dit cy-dessus que le poinct estoit tres-obscur & difficile à cognoistre, pour n'auoir aucune definitiõ qui le puisse expliquer ; si est-ce neantmoins qu'Euclide n'a pas laissé de nous le descrire tellement quellement en ses Elemens, quand il dict : Le poinct est ce qui n'a point de parties. Definition à la verité tres-manque, & tres-imparfaicte : car c'est tout ainsi comme qui nous voudroit faire entendre que c'est qu'vn Chameau, & nous diroit que c'est vn animal qui n'a point de cornes; car ceste definition comprend aussi bien les chiens & les cheuaux, comme les chameaux. De mesme ceste definition ne nous enseigne non plus, ny nous donne en aucune façon entendre que c'est que le poinct : attendu qu'elle peut conuenir à l'ame raisonnable, aux esprits, aux momens du temps, aux formes, aux especes, & à plusieurs autres choses qui de soy n'ont point de parties. Mais qu'y feroit-on à cela ? c'est ou sa grãde excellence, ou son imperfection qui en sont cause: car nous auons accoustumé de definir les choses par la negation, ou à cause de leur eminente nature, qui ne peut estre bornée de genre ny de difference comme Dieu, lequel pour estre hors du pair de tout estre creé pour son excellence & simplicité, ne peut estre compris par vne definition affirmatiue, laquelle Simonides recherchoit & ne pouuoit trouuer: D'où vient que les Theologiens le definissent par des negatiues, disant que Dieu n'est point le ciel, ny le Soleil, ny vn element, ange, ny animal, ny plante, ny mineral, mais quelque chose de plus grand, de plus noble, & plus releué que tout cela, ou par les abstracts, pour monstrer la simplicité de son estre en disant, que Dieu n'est pas bon, mais la bonté mesme; qu'il n'est pas iuste, mais la mesme iustice: & ainsi des autres.

Pour l'imperfection de sa nature, la matiere premiere se definit aussi en la Metaphysique, par la negation des estres parfaicts, en disant que ce n'est point vn animal, ny vn viuant, ny vn element, mais quelque chose de plus imparfaict que tout cela, d'où vient que le Prince des Philosophes au 7. de sa Metaphysique l'exclut entierement du nombre des dix predicamens, disant que la matiere premiere n'est ny substance, ny quantité, ny qualité, ny rien qui se retrouue és Categories. De mesme le poinct duquel nous parlons maintenant, ne se trouue point enfermé dans les Categories, & n'a point de definition positiue ou affirmatiue, tellement que nous pouuons dire de luy, ce que sainct Augustin en ses Confessions disoit de la matiere premiere, à sçauoir que l'humaine pensée cognoist la matiere premiere en l'ignorant; & en la cognoissant, ou la voulant cognoistre, l'ignore. Que ce soit donc, ou quelque grande perfection du poinct, ou quelque sienne imperfection, il ne nous est declaré que par vne definition negatiue. Ce n'est pas pourtant à dire qu'il ne soit rien: Car Dieu & la matiere, que nous auons dit, se definit en ceste façon, ne laissent pas d'auoir vn estre réel & positif, bien qu'il soit exprimé, ou pour mieux dire ombragé par vne definition negatiue.

En quoy ie ne puis approuuer l'opinion d'Ocam prince des nominaux, c'est à dire de ceux qui tiennent que toutes les sciences ne consistent qu'aux noms, quand il a dict que le poinct & la ligne estoiēt des priuations, qui est vne erreur manifeste, refutée tres-doctement pa le Sieur de l'Escale en l'exercitation 65. dessus Cardan.

Or ce qui fait doubter à plusieurs, si le poinct a quelque estre réel, est d'autant qu'ils ne peuuent s'imaginer cōme il est possible que quelque chose corporelle, ou pour le moins appartenāte au corps, & qui ne peut estre qu'auec la matiere, soit indiuisible & n'occupe point de lieu, & aye les mesmes proprietez qu'à l'esprit, ou l'ame raisonnable, qui est incapable de toute diuision physique, pour n'auoir aucune extention, si ce n'est par accident, entant qu'elle informe diuerses parties du corps humain, mais auec ceste condition toutesfois qu'elle est toute en tout le suject qu'elle anime, & toutes en chacune de ses parties.

Or telles natures qui sont indiuisibles sont des substances & non des accidēs, comme est le poinct: & sont encore immortelles & incorruptibles, pour n'auoir aucune dependance de la matiere & de la quantité, comme a le poinct: car la matiere (comme dit le Philosophe) est le principe de toute corruption. Mais que telles gens prennent garde qu'il y a beaucoup de choses, qui de leur nature sont corporelles, lesquelles ne laissent pas d'estre indiuisibles, comme sont les especes, lesquelles pour ceste raison Aristote compare au nombre: Les especes, dit-il, sont comme les nombres, c'est à dire, consistent en vn estre indiuisible, auquel on ne peut adiouster ny diminuer sans aneantir leur nature: car si au nombre ternaire vous vouliez adiouster vn, il ne sera plus ternaire, mais quaternaire: & si vous luy ostez vne vnité, vous le sortez hors de sa nature ternaire.

Les figures encore consistent en ceste indiuisible nature, d'où vient qu'il y a certaines lignes qui sont incommensurables, & qui n'ont entre-elles aucune proportion, comme le costé du quarré auec la diagonale, o·· la ligne droicte auec la circulaire, au-moins qu'on aye encore trouué: car là dessus est fondée l'inuention de la quadrature du cercle, la possibilité de laquelle Brison monstroit dans Aristote, si l'on luy eut admis quelque milieu entre les capacitez de ces deux figures: Car il argumentoit ainsi, là où se trouue le plus grand & le plus petit, on peut trouuer l'esgal. Or est-il qu'il se trouue vn cercle plus grand, & vn plus petit qu'vn quarré, il s'en pourra donc trouuer vn esgal: Mais Aristot·· nie fort bien la majeur, &

donne pour instance les nombres, disant qu'il se donne vn nombre plus grand que le ternaire, à sçauoir quatre, & vn moindre que le mesme ternaire, à sçauoir deux : & toutesfois il ne se trouue pas en la nature vn autre nombre qui soit esgal au ternaire : car les especes des nombres n'ont point de milieu, mais consistent en l'indiuisible.

Ie dis bien plus, que les formes mesmes Physiques & materielles, i'entens les substantielles, soiect-elles viuantes, sensibles ou inanimées, sont encore indiuisibles de leur nature, d'où vient que leur generation se fait en vn instant en ce poinct interne, & en ce moment de temps, auquel on peut dire la forme est maintenant, & immediatement auparauant elle, n'estoit point, qui est commencer, comme ils disent par le premier de son estre : car la forme du feu par exemple n'est pas introduicte en la matiere combustible, qui aura esté disposée à la receuoir, vne partie apres l'autre, comme font les accidens, qui viennent degré par degré, mais tout à coup & en vn instant, qui monstre qu'elles sont indiuisibles, mais que par accident elles sont contraintes de suiure la diuision du suject : L'vnité n'est-elle pas encore indiuisible, car elle n'a point des parties discrettes, autrement ce ne seroit plus vnité mais pluralité : aussi dit-on que l'vnité n'est pas nombre, mais principe de nombre, & de là vient que le nombre est infiny en montant : car il n'y a si grand nombre auquel vous ne puissiez encore adiouster vn, mais en descendant vous en trouuez finalement le bout, parce que vous deuenez à l'vnité qui est indiuisible; ce qui ne se peut faire en la quantité continuë, qui est de so; diuisible iusques à l'infiny.

Finalement les moments du temps sont indiuisibles: car on ne sçauroit assigner quelque extention ou durée en vn moment, autrement ce ne seroit pas vn moment: nous auons accoustumé de l'exprimer par vn clin d'œil, comme estant vne action tres-soudaine, mais l'instant est bien encore plus brief: car il n'y a mouuement corporel pour si rapide qu'il soit, qu'il n'outrepasse, excepté la veuë, que les optiques disent se faire en vn instant, & le mouuement local de l'ange, que sainct Thomas tient se pouuoir transporter d'vn lieu en vn autre, sans aucun interualle de temps, & aller d'vn extreme à vn autre sans passer par le milieu.

L'instant donc ou moment pour estre indiuisible, ne peut estre partie du temps qui se diuise en heures & minutes, & qui a ses parties successiuement pour estre vne quantité continuë, d'où quelques-vns prennent occasion de nier que le temps soit quelque chose de réel, faisans cest argument: cela n'est point de qui les parties ne se retrouuent point: les parties du temps ne sont point: le temps donc n'est rien que par imagination. Or que les parties du tẽps ne soient point, ils le prouuent ainsi: Les parties du temps, sont le passé, le present & l'aduenir: le passé n'est point, car il est passé: le futur n'est non plus; car il n'est encore venu, reste donc le present: Or du present nous n'en auons qu'vn instant ou moment, qui n'est point tẽps, pour n'auoir aucune durée: le temps donc n'est rien en effect.

Mais cest argument n'est pas si fort qu'il puisse destruire le temps, lequel destruict toutes choses. Si la question estoit de ce lieu, ie respondrois comme l'instant conioignãt le passé auec le futur, nous rend le temps present: & que c'est la nature des choses successiues, comme le temps, de n'auoir leurs parties ensemble, comme ont les quantitez permanentes, mais l'vne apres l'autre. Et soit assez parlé touchant la definition du poinct.

Comme les poincts sont en la ligne, & si elle en est composée.

Chap. VI.

C'Est vne question fort fameuse & problematique, si la ligne est composée de poincts tant seulement, ou bien de parties continuées & diuisibles. Ceux qui defendent l'affirmatiue, se fondent principalemẽt sur l'experience du corps spherique, qui ne touche la plaine surface d'vn autre corps qu'en vn poinct, comme nous auons declaré cy-deuant: Que l'on tire donc, disent-ils, ce globe par cest espace vni, il n'y a point de doute que le poinct qui touche descrira vne ligne, laquelle ne peut estre bastie que de poincts: car faisant rouler successiuement ledit globe, ou le tirant d'vn bout à l'autre, il ne touchera iamais qu'en vn poinct; les poincts donques s'entresuiuans & se touchans l'vn l'autre, feront vne ligne qui en sera necessairement composée: autremẽt si le poinct du globe, qui touche maintenant vn poinct de la surface vnie, venant à se mouuoir, ne trouuoit immediatement apres vn autre poinct en ladicte surface, mais quelque partie de quantité diuisible, il s'ensuiuroit que ce qui a de l'extension, pourroit estre couuert de ce qui n'en a pas: ce qui repugne au sens commun & à l'hypothese que nous faisons de l'atouchemẽt punctuel. Or il n'est aucun moment du temps durant le mouuement du globe, qu'il ne touche la surface vnie, & ne la pouuãt iamais toucher qu'en vn poinct, tandis qu'il trace la ligne, il faut de necessité que les poincts s'entre-suiuent immediatement en icelle, & que par consequent elle en soit composée.

Cest argument est pressant, & beaucoup de gens ont de la peine à s'en depestrer. Mais la solution d'iceluy depend d'vne distinction, à sçauoir qu'on aduoüe fort bien que le globe se reposant sur la surface vnie, ne la touche veritablement qu'en vn poinct; mais en se mouuant & traçant vne ligne, il ne touchera pas tousiours vn poinct indiuisible, mais quelque partie diuisible de ladicte surface, quoy qu'inesgallement, & non d'vn attouchemẽt permanent, comme il fait quand il se repose: & en ceste façon, il n'est pas inconuenient qu'vne chose indiuisible touche vne diuisible, parce que

l'attoul'attouchement se faict successiuement, comme il n'est pas possible qu'vne main qui parcourra toute vne table, la touche en beaucoup plus grande quantité qu'elle n'a, mais c'est de cest attouchement inesgal : car en se reposant elle ne couure esgallement de la table, que ce qui peut respondre à sa grandeur. Et par cecy se confirme & se peut entendre ce qu'Aristote dit au sixiesme de sa Physique, que toute chose qui se meut tandis qu'elle se meut, est en vn lieu plus grand qu'elle n'est : La continuation donques du mouuement fait qu'en chasque partie du temps, le globe touche vne partie de l'espace, & en chaque moment vn poinct indiuisible d'iceluy : car ces choses icy se respondent, à sçauoir le temps, & la quantité continuë, le moment & le poinct.

En outre ils se font tous fiers de cest argument qui leur semble inuincible : imaginons, disent-ils, vne ligne tirée depuis la terre iusqu'au premier mobile, sans doute ceste ligne sera coupée par toutes les surfaces des cieux, par lesquels elle passe : prenons donc la surface conuexe de la Lune, & la concaue de Mercure, chacune de ces surfaces coupera ladicte ligne en vn poinct. Car ces surfaces estants indiuisibles, pour estre les extremitez de deux profondeurs, elles ne peuuẽt couper la ligne qu'en ce qui est aussi indiuisible, à sçauoir en vn poinct. Or ces deux surfaces se touchent immediatement ; il faut donc que les deux poincts de la ligne qu'elles coupent, se suiuent immediatement, & ſe touchent l'vn l'autre, par ainſi la ligne ne ſera compoſée par tout que de poincts : car par toutes ſes parties peut arriuer le meſme. Que ſi entre ces deux poincts y a quelque quantité metoyenne, il s'enſuiura que la ſurface de l'orbe ſuperieur ne touche pas immediatement celle de l'inferieur, & partant il y auroit du vuide en la nature, car on ne ſçauroit aſſigner de quel corps, ou celeſte, ou elementaire ceſt eſpace pourroit eſtre remply : & l'harmonie tant celebre de Pythagore, fondée ſur la friction des orbes celeſtes par la colliſion de leurs ſurfaces rondes, & polies ſembleroit auoir eſté introduicte ſans aucun fondement.

La ſolution pourtant de ceſt argument n'eſt pas tant difficile, ſi l'on preſuppoſe comme l'on doit, que ces deux ſurfaces n'enferment aucune eſpeſſeur, mais ſe touchãs toutes deux en ce qu'elles ont d'indiuiſible, viennent comme à ſe rendre en vne, & ainſi ne couperõt la ligne donnée qu'en vn poinct ſeulement : car eſtans contigües, il faut ſuiuant la definition qu'en donne Ariſtote, que leurs extremitez ſoient vne meſme choſe ; non pourtant que les ſurfaces ſe penetrent, car la penetration, ſi elle ſe pouuoit donner, ne ſe diroit proprement que des corps & des ſoliditez d'iceux, non pas des extremitez, comme ſont les ſurfaces, leſquelles miſes l'vne ſur l'autre ſont dictes eſtre enſemble indiuiſiblement : la ligne donques produicte iuſqu'à la ſurface concaue du ciel de Mercure, n'eſt pas plus longue que celle qui aboutit à la conuexe de la Lune: car ce n'est qu'vne mesme ligne terminée d'vn mesme poinct commun à l'vne & à l'autre surface: & voyla cõme ces deux poincts qu'on s'imaginoit sont reduicts à vn poinct, & tout l'argument à neant.

Vne autre raison encore semble fauoriser ceste opinion içy, que nous reiectons; sçauoir est, que par la diuision du continu en quelle part que nous le coupions, nous trouuons tousiours deux poincts qui demeurent apres la section, terminans les extremitez des deux parties coupées. Il falloit donc que ces deux poincts feussent au continu, & se touchassent l'vn l'autre: car on n'a pas coupé le poinct par le milieu pour en faire deux, puis qu'il est indiuisible, ny encore osté la quantité ou partie, que l'on feint estre tousiours entre deux poincts: d'où s'ensuiura necessairement que toute la ligne n'est composée que de poincts qui se touchent l'vn l'autre

Ceste raison encor.. a de la force, mais on la destruit facilement, en disant que par la diuision d'vne verge ou de quelque autre quantité continue, le poinct où se faict la section se pert & aneantit; & que deux poincts sont produicts de nouueau pour borner les extremitez des segmens: Et encore que par le mouuement local, rien ne se puisse produire de réel, cela se doit entendre en ceste façon, que le seul mouuement local ne met rien au iour par quelque vraye & naturelle production: mais il ne s'ensuit pas que de ce mouuement, principallement de l'artificiel, ne resulte quelque chose de réel qui n'estoit poinct auparauant, comme nous voyons que la roüe agitée engendre la chaleur, qualité réelle ; & que si vous coupez vn quarré en deux par la diagonale, vous en ferez deux triangles rectangles, qui sont choses réelles, prouenantes pourtant de la seule diuision du quarré, comme l'Ellipse ou figure ouale se produict par la section du cone. A plus forte raison donques, les poincts qui ne sont que certains modes, pour ainsi parler, de la quantité, pourrôt estre produicts de nouueau par la diuision.

I'adiousteray icy vn argumēt en faueur de ceste opinion, plus fort que tous les precedens, & duquel ie ne sçay moy-mesme cōme ie me pourray demesler, tant la chose est punctilleuse & subtile. Si les poincts donc ne s'entresuiuent pas immediatement en la ligne; ie demande qu'est-ce qu'il y a entre-eux d'interposé qui les en empesche ? vous me direz que c'est vne ligne ou partie d'icelle, qui se retrouue tousiours entre deux poincts, mais ceste parcelle de ligne, n'a elle-pas encore des poincts. Ie prens donc le premier poinct de la ligne, & demande qu'est-ce qu'il y a entre luy & le plus proche suiuant, si vous dictes vne partie de la ligne, vous destruisez la supposition : car ce poinct que vous m'auez auoüé estre le plus proche du premier, ne l'est plus, puis que vous en mettez d'autres entre luy & le premier, à sçauoir ceux qui sont en ceste partie de ligne : car elle ne pourroit eſtre continuë, ſi elle n'auoit des communs termes pour ioindre ſes parties qui ſont les poincts. Ou bien encore prenons tous les poincts qui ſont en la ligne, & demandons qu'eſt-ce qu'il y a d'interposé entre-eux qui les tient ſeparez, & empeſche qu'ils ne ſe touchent, vous direz encore que c'eſt touſiours des portiõs de lignes: mais ie monſtre qu'il eſt impoſſible: car ces portions de ligne ayant touſiours des poincts copulatifs, il s'enſuiuroit qu'entre tous les poincts y auroit encore des poincts, qui eſt vne abſurdité du tout contradictoire: car il ne ſe peut entendre, qu'outre la collection de tous les poincts y ait encore d'autres poincts, attendu que nous les auons pris tous. N'y pouuant donc auoir de ligne entre les poincts, i infere neceſſairement qu'il y a des poincts, & qu'ils ſe touchent immediatement, & s'entreſuiuẽt l'vn l'autre; & que par conſequent la ligne en eſt compoſée.

Pour la ſolution de cet argument, qui eſt fort ſubtil & preſſant, il faut dire qu'entre le premier poinct, & tous les autres ſeparément pris, la ligne ou portion d'icelle eſt interpoſee, & par conſequent vne infinité de poincts, qui conioignent enſemble ſes parties: mais entre le meſme premier poinct, & tous les autres prins copulatiuement, n'y a rien d'interpoſé: & ne s'enſuit pourtant que la ligne ſoit compoſee de poincts tant ſeulement, ou qu'vn poinct ſuiue l'autre immediatement en la meſme ligne: parce qu'en toute ceſte collection de poincts, n'en y a aucun qui soit immediatement consecutif au premier, & entre lequel, & quel autre que soit, vne portion de ligne ne soit interposee.

Mais quand toutes ces solutions & responses ne vous satisferoient point, en tout & par tout, les absurditez neantmoins, & impossibilitez manifestes qui s'ensuiuent de ceste opinion, sur lesquelles se fondent la plus part des preuues Mathematiques, nous en de[illegible] entierement esloigner: car comme dit l'Aristote au liure des lignes insecables, c'est à faire à vn esprit imbecille de quitter vne opinion, laquelle vne euidente raïson persuade, pour ne pouuoir entierement satisfaire à quelque argument qu'on oppose à l'encontre.

La premiere absurdité donc qui suit de ceste opinion erronée, que la ligne n'est composée que de poincts est, que la quantité continuë ne seroit point continuë mais discrete: car n'y ayant rien qui puisse lier les poincts l'vn auec l'autre, ils ne feront rien de conioinct & d'vni, qui est contre la nature de la quantité continuë, telle qu'est la ligne de qui les parties doiuent estre cõioinctes d'vn terme commun. Or les poincts ne se peuuent lier l'vn auec l'autre, pour n'auoir point de parties: car tout ce qui s'vnit, s'vnit par les extremitez: or les poincts n'ont point d'extremitez; car ils seroient terminez, mais sont eux-mesmes les bornes & les extremitez de la ligne.

Secondement, il s'ensuiuroit de ceste opinion,

que les poincts donneroient ce qu'ils n'ont point, à sçauoir la quantité de l'extension, & les dimensions qu'ils ne peuuẽt auoir, pour estre indiuisibles: car si vous adioustiez à vn poinct cent millions de poincts, vous ne le feriez pas pour cela plus grand, suiuant la maxime, qui dict que l'indiuisible, adiousté à l'indiuisible ne l'augmente point. Ils dirõt que l'vnité n'estant point nombre, ne laisse pas de composer le nombre, & de l'augmẽter par mesme moyen: mais ie respons à cela, qu'il n'y a point d'inconuenient que la quantité discrete, comme est le nombre, soit composée de parties indiuisibles, comme sont les vnitez, parce que ses parties n'ont besoin d'estre ioinctes ensemble par quelque commun terme qui les vnisse, & ne disẽt aucun rapport à la situation, au mouuemẽt, ny au lieu, puis qu'elles n'en occupent point: mais les parties de la quantité continuë, doiuent estre conioinctes ensemble par vn liẽ cõmun, & ont du rapport au lieu qu'elles occupent, & seruent de suject & d'espace au mouuement qui les parcourt successiuement, & l'vne apres l'autre; ce qui ne se pourroit faire, s'il n'y auoit de l'extension, qui ne se peut trouuer aux choses indiuisibles, telles que sont les poincts, ou à celles qui ne sont conioinctes à la matiere, comme est le nombre formel, duquel l'vnité est le principe.

Autres absurditez, qui monstrent que la ligne n'est pas composee des poincts.

Chap. VII.

I'Ay dit cy-dessus, que les preuues de la Geometrie procedent ordinairement par les arguments indirects, & qui reduisent l'opinion contraire à l'absurde ou à l'impossible, laquelle façon d'argumenter n'est pas moins cõcluante que celle qui se fait par les voyes directes: car monstrant que si vne chose estoit autrement qu'on la propose, il s'en ensuiuroit, ou des contradictions manifestes, ou des absurditez, qui choquent les sens & les premiers principes cognus par la lumiere naturelle, comme seroit qu'vne partie seroit plus grande que le tout, l'entendement se dispose facilement à receuoir la creance, ou pour mieux dire la certitude de ce dont au-parauant il doutoit. Aux inconueniẽts donc que nous venons d'exposer au chapitre precedent sur la question proposee, si la ligne est composee de seuls poincts & non d'autres parties, nous adiousterons les suiuans, tirez en consequẽce des maximes Geometriques.

Euclide au liure premier de ses Elemens, proposit. 10. monstre comme toute ligne se peut diuiser en deux parts esgalles: soit donques donnee vne ligne qui consiste de sept poincts iustement, sans doute si elle n'a d'autres parties que ces poincts, ou

l'on

l'on ne la pourra diuiſer en parties eſgalles, ou bien il faudra co[illegible] en deux moities le poinct du milieu, qui eſt le quatrieſme. Or c'eſt vne abſurdité grande de couper en deux ce qui eſt du tout indiuiſible, comme le poinct ; il n'eſt pas donc vray que la ligne en ſoit cõpoſee. De là meſme s'enſuiuroit encore, contre la propoſition 9. & 10. du 6. liure, qu'vne ligne ne pourroit eſtre diuiſee en tant de parties eſgalles qu'on voudra : car ſi elle ſe trouue compoſee de 13 poincts, il eſt impoſſible de la diuiſer, ny en deux, ny en trois portions, autrement on feroit diuiſible ce que tous admettent pour indiuiſible, qui eſt le poinct.

La meſme concluſion ſe peut encore demonſtrer par ceſte raiſon, quand quelque mobile ſe meut regulierement, s'il parcourt vn certain interualle en vne heure, ſans doute il en parcourra la moitié en demie heure. Suppoſons donc vne ligne de 15. poincts, & que le mobile qui ſe meut vniformement la parcoure toute en vne heure, certainement en demie-heure il n'en parcourra ſinon la moitié : or la moitié de la ligne ſont ſept poincts & demy, il faudra donc diuiſer l'indiuiſible, à ſçauoir le poinct, ce qui eſt impoſſible. Derechef ſuppoſons que le meſme mobile parcoure toute ceſte ligne, par l'eſpace de temps que contiennent quinze momẽts ſeulement ; ſans doute il parcourra la moitié de la ligne en la moitié du temps, à ſçauoir en ſept inſtans & demy ; & voyla encore le moment du temps diuiſé, contre ſa nature, qui eſt d'eſtre indiuisible. Or ces choses sont impossibles, car elles enueloppent de la contradiction; la ligne donc n'est composee de poincts, ny le temps de momẽts seulement.

Mais que direz-vous si de cest' erreur encore, s'ensuit que tous les corps qui se meuuent, iroient d'vn mesme train, & que l'vn n'auanceroit iamais plus que l'autre? Et qu'ainsi ne soit, prenons deux lignes de mesme longueur, qui ayent chacune douze poincts, & sur le commencement ou premier poinct de chaque ligne, plaçons-y deux mobiles, l'vn tres-viste, & l'autre tres-tardif, & que tous deux commencent à se mouuoir sur ces lignes en mesme temps. Ie demande, si lors que le mobile veloce parcourt le second poinct de sa ligne, le mobile tardif ne parcourt pas aussi le second de la sienne; & si au mesme temps que le mobile plus viste court le troisiesme & quatriesme poinct, si le tardif aussi parcourt tout autant de poincts ou non? Si vous me dites que si, doncques ces deux mobiles paruiendront aussi tost l'vn que l'autre à l'extremité de leurs lignes, & ainsi la tortuë iroit aussi vistement que le liéure. Si vous dites que les deux mobiles ne parcourent point esgalles parties de la ligne en mesme temps, mais que quand le tardif en passe vne, le viste en passe deux, i'argumente ainsi: si tandis que le plus viste passe deux poincts, le tardif en passe vn, il faut qu'au mesme temps que le viste en court vn, le tardif n'en parcoure que la moitié d'vn; & ainsi ce qui est indiuisible de soy sera diuisé: que s'il n'en outrepasse aucun, il ne se mouuera donc point, qui est contre l'hypothese. De plus, si le mobile tardif precede seulement d'vn poinct, & que le viste suiue apres, iamais le viste n'atteindra le tardif; car ils courent mesmes espaces en mesme temps, toutes lesquelles choses sont contraires à l'experience.

De plus, si la ligne estoit composée de poincts, il s'ensuiuroit que la diagonale d'vn parallelogramme rectãgle seroit esgalle à vn des costez: chose qui choque euidamment les sens, car on void à l'œil qu'elle est plus longue que les costez. Et toutesfois l'vne seroit aussi longue que l'autre, veu qu'il se trouuera qu'autãt de poincts aura l'vne que l'autre: ce que ie preuue ainsi. Si de tous les poincts d'vn des costez du quadrãgle on tire des lignes iusqu'à l'autre costé opposite, toutes ces lignes passeront necessairement par tous les poincts du diametre ou diagonale: car l'aire du quadrangle en sera toute couuerte. Tirez maintenant la diagonale, vous trouuerez qu'elle ne peut auoir plus de poincts qu'il y a de lignes qui l'entrecoupent lesquelles lignes nous supposons estre tirees de tous les poincts qui sont aux costez du rectangle.

Voyla donc vne absurdité bien grande: en voicy encore vne plus enorme, s'il estoit vray que la ligne fut composée de poincts, vn petit cercle seroit esgal à vn plus grand: d'autant qu'autant de poincts auroit la circonference de l'vn comme de l'autre; ce que ie preuue ainsi. Soient descrits deux cercles concentriques ; c'est à dire l'vn dans l'autre, comme on represente les cieux, maintenant du centre commun à tous les deux cercles soient tirés tous les semidiametres qui se peuuent tirer, iusqu'à la periferie du plus grand, & qu'elles viennent aboutir à tous les poincts dudict cercle maieur, il faut de necessité que toutes les mesmes lignes ou semidiametres passent encore par tous les poincts du contour du cercle mineur ; autant doncques de poincts aura l'vn comme l'autre. Tu diras possible, que deux lignes du plus grãd cercle passent par vn poinct du plus petit ; mais il s'ensuiuroit encore vn autre inconuenient ; à sçauoir, que les lignes droictes seroient obliques, & les semidiametres d'vn mesme cercle inesgaux : car les deux lignes du cercle maieur que tu dis, passer par vn poinct seulemẽt du mineur, ne sont qu'vne ligne tirée du centre commun à la circonference du cercle mineur ; car elles vont d'vn poinct à vn autre : or c'est vne proposition demonstrée en Euclide, que d'vn poinct iusqu'à vn autre poinct, ne peut estre tirée qu'vne ligne droite, telle qu'est tousiours le semidiametre. Depuis ce poinct dõc de la circonference du petit cercle, iusqu'à celle du plus grand, si on continue les lignes pour les faire aboutir à deux poincts, il faut necessairement que l'vne soit droicte & l'autre oblique, & partant l'vne plus longue que l'autre, quoy qu'elles soient tirées de mesme centre à mesme circonference, qui sont des repugnances trop manifestes à la definition & nature du cercle.

Finallement de cest' erreur s'ensuiuroit que le contenu seroit plus grand que le continent, & la partie plus grande que son tout: car la ligne descritte entre les costez d'vn triangle au dessus de la base, faisant auec les deux costez communs vn triangle mineur dans le plus grand, seroit plus grande que la base mesme du grand triangle, ce qui est impossible: car posé le cas que les costez du triangle soient chacun de six poincts, & la base de trois; il est permis par la premiere & deuxiesme demãde d'Euclide, de tirer des lignes de tous les poincts d'vn des costez iusqu'à l'autre, qui seront autant de bases paralleles à la grand base du triãgle total: La 1. ligne, qui est la plus proche de l'angle cõmun, sera pour le moins de deux poincts, la seconde de trois, car elles vont tousiours en augmentant, la troisiesme de quatre, & ainsi des autres: Or la totale base du triãgle dõné, n'est que de trois poincts seulement: voyez donc comme la base d'vn petit triangle tiree sur la base, & entre les mésmes costez d'vn plus grand, est plus grande que la base du triangle maieur, contre le sens commun, & la demonstration d'Euclide en la proposition 21. du premier liure.

Concluons donc pour toutes ces raisons, & plusieurs autres que i'obmets, pour n'estre ennuyeux, que les poincts desquels nous traictõs ne peuuent s'entresuiure immediatemẽt en la ligne, ny les composer comme parties integrantes d'icelle; mais que toute quantité continuë & diuisible, comme est la ligne, doit estre necessairement cōposée de parties aussi continuës & diuisibles.

Que le poinct est infiny.

Chap. VIII.

COmbien que le Philosophe voulant monstrer que nulle substance n'estoit infinie, aye escrit au cinquiesme chapitre du troisiesme de sa physique, que nul indiuisible n'estoit infiny; si est-ce pourtant qu'au precedent chapitre, mettant en auant plusieurs manieres d'infiny, il a tout clairement dit, que ce qui n'auoit point d'espace ny de quantité, comme le poinct, pouuoit à bon droict se nommer infiny, parce qu'on ne le peut outrepasser. Et si nous voulons auoir recours à l'ethymologie du nom, le mot d'infiny ne sonne autre chose que ce qui n'a point de fin, c'est à dire de borne & de limite, ce qui conuient tres-bien au poinct: car il n'est & ne peut estre borné, pour estre luy-mesme la borne de la quantité. Si le poinct auoit des bornes, il auroit des estenduës, & partant quelque quantité; autrement il se borneroit soy-mesme, ce qui est impossible: car il y a de la relation entre la borne & la chose bornee, & par consequent de la diuersité. En outre, toutes fins ou bornes sont extremitez, & toutes extremitez sont parties des choses terminées, ou pour le moins dif ferentes d'icelles : le poinct donc ne peut auoir des extremitez, puis qu'il n'a point des parties : car outre ces extremitez, on trouueroit encore au poinct quelque chose de metoyen entre lesdicts extremes, qui luy donneroient tousiours de la latitude, & le feroient diuisible.

Que si quelqu'vn trouue estrange qu'il y puisse auoir quelque chose dans la quantité finie & bornée, qui soit infiny & sans borne, qu'il considere qu'en tout genre des choses, il y en a tousiours qui ne suiuent point les conditions ny les regles des autres. Cōme par exemple, tout genre categorique a quelque autre genre par dessus luy, duquel il est espece, excepté toutesfois les supremes genres, qui pour estre premiers, n'en peuuēt auoir d'autres par dessus eux ; c'est pourquoy on ne les peut definir, comme nous disions cy-deuant. De mesme, les especes subalternes se sous-diuisent en autres especes, excepté pourtant les infimes, qui ne se peuuent diuiser qu'en des indiuidus.

En l'ordre des mouuemens subordonnez l'vn à l'autre, comme ainsi soit que tout ce qui se meut est meu de quelque autre ; il faut deuenir neantmoins à quelque dernier & supreme moteur, lequel meut sans estre meu, comme est Dieu, mouuant & immobile, autrement il se feroit vn progrez iusqu'à l'infiny, que la nature ne peut admettre. En ce qui est du lieu, quoy que tout ce que nous voyons soit contenu par la surface de quelque autre corps qui le contient & l'enuironne, comme ſon vray lieu; ſi faut-il venir finallement à quelque ſupreme lieu, qui contienne les autres ſans eſtre contenu, comme eſt le premier mobile, ou le ciel empirée, lequel ne peut eſtre en aucun lieu, pour n'auoir par-deſſus luy aucune ſurface qui l'enuironne. De meſme en eſt-il du poinct, lequel pour eſtre la borne des quantitez, ne peut auoir luy-meſme de borne, d'ou s'enſuit qu'il eſt infiny.

En quoy l'on peut voir comme les choſes les plus petites peuuent eſtre en certaine eſpece de conditions preferées au plus grandes: car il n'y a corps en tout l'vniuers, pour ſi grand qu'il ſoit, qui n'aye ſes limites, tout eſtant finalement borné par la circonference de la derniere ſphere celeſte: d'où s'enſuit qu'il n'y a rien qui en grandeur ſe retrouue actuellement infiny, ny meſme qui le puiſſe eſtre: car la meſme grandeur, qui ſemble fauoriſer vn corps pour le rendre infiny, eſt celle qui entierement l'en empeſche; à cauſe qu'elle luy donne des dimenſions, & les dimenſions des figures, qui ſont les bornes de la quantité.

Le Philoſophe monſtre encore au troiſieſme de ſa Phyſique la meſme choſe: à ſçauoir, que nul corps naturel ne peut eſtre de grandeur infinie: car il ſeroit mobile & non mobile: mobile par la ſuppoſitiō qu'il ſoit naturel: car ceſte proprieté luy eſt inſeparable immobile, d'autant qu'il ne ſe pourroit mouuoir d'aucun mouuemēt, ny d'alteration, ny de lieu, comme il preuue au meſme endroict,

par

par des raiſons qui ne ſont pas impertinentes; mais celles-là qui touchent le mouuement local ſont fort ſenſibles: A ſçauoir, que ſi quelque corps naturel eſtoit infiniement grand, il ne ſe pourroit mouuoir, ny en haut, ny en bas, ny à coſté: car il ne trouueroit point de lieu, d'autant qu'il rempliroit tout; ny meſme circulairement, à cauſe que pour faire ce mouuement, il faudroit que le mobile changeaſt ſes diametres, & que l'vn vint à prendre la place de l'autre à ſon tour, & ſucceſſiuement: ce qui ne ſe pourroit faire, d'autant que les bouts de ſes diametres, diſtent infiniment l'vn de l'autre, à cauſe qu'ils ſont tirez du centre iuſqu'à l'infinité. Et où ne ſe trouue nulle circonference, il y aura donc quant & quant vn interualle infiny de l'vn à l'autre, lequel interualle ne pourra eſtre parcouru qu'en vn temps infiny: or le mouuement ne ſe peut faire qu'en vn temps finy, comme dit Ariſtote, eſtant donc impoſſible qu'vn eſpace infiny puiſſe eſtre paſſé & parcouru en vn temps finy, le mobile ne ſe mouueroit point, & partant il ne pourroit eſtre infiny.

Les Theologiens paſſent plus outre en ceſte matiere de l'infiny, & demãdent ſi Dieu de ſa puiſſance abſoluë peut faire quelque corps infiny, en quantité, & en qualité, comme vne chaleur infiniement grande; mais ie laiſſe à eux le debat, & me contente de rechercher ſi le poinct eſtant infiny en ſoyt particulierement conſideré, l'eſt encore en nombre, & en quantité diſcrete: c'eſt à dire, s'il y a infinis poincts en la ligne. Pour satisfaire à la question, il faut sçauoir au prealable, s'il y a quelque chose en l'vniuers, dont le nombre soit réellement infiny, ou n'y en ayant point, si la chose est possible par quelle puissance que ce soit.

Quelques-vns sont en ceste erreur de croire, que l'arene de la mer, qui est le corps, si semble, le plus nombreux, soit par consequent infiny; mais ils ne voyent pas qu'il y a bien de la difference entre l'estre infiny, & innombrable: i'accorde volontiers que les grains du sable, qui est en la mer ne peuuēt estre compris souz quelque nombre qui puisse correspondre à la capacité de nostre conception: il se peut bien exprimer par des chiffres, comme l'a faict Archimede, & le docte Clauius en la digression de l'arene, sur la Sphere de Sacro-bosco, donnant vn nombre qui comprendroit tous les grains de sable contenus en toute la vastité de l'vniuers, s'il en estoit remply depuis la terre iusques au firmament, mais ce nombre est ineffable; si ce n'est en repetant plusieurs-fois, millions de millions de millions; ce qui est aussi difficille à comprendre, que si l'on nous disoit vn nombre infiny.

L'arene donc de la mer n'est pas infinie, puis qu'on dōne vn nombre finy, qui est beaucoup plus grand, & qu'Apollon en Homere se vante d'en sçauoir determinément le iuste nombre, ce que le Poëte Horace attribuë à Architas Tarētin au premier de ses Odes, disant neātmoins que ceste arene n'a point de nombre, *numeroque carentis arena*. Mais cela se doit entendre, eu esgard à nous; car il nous est impossible d'en pouuoir iamais trouuer le bout, quand la mer mesme laisseroit son lict tout à sec: & c'est encore de ceste façon que Rabbi Kimhi dit que les estoiles sont innombrables, n'y en ayãt que 1198. que les hommes cognoissent, mais pour les autres, Dieu les nombre. Platon dit qu'il y en a autant comme d'ames: Les Caballistes en mettent autant qu'il y a d'Anges, & disent qu'il y a autant d'Anges, cõme d'especes des choses creées, & que le tout reuient au nombre que font les combinations des vingt & deux lettres de l'alphabet exprimé par ces caracteres.

1177321905343428940313.

La quantité duquel nombre, pour ne pouuoir estre exprimé par des termes intelligibles, ny compris a faict par la conception, qui ne nous en sçauroit former qu'vne image confuse & indeterminée, nous le dirons plustost innombrable que non pas infini. Mais nous allons esplucher au chapitre suiuãt, s'il y peut auoir quelque nombre actuellement infini, en consideration des poincts, dont quelques-vns veulent y en auoir vne infinité en chaque ligne.

S'il y a vne infinité de poincts en la ligne.

CHAP. IX.

C'Est vne question grandement subtile, & digne d'entretenir les curieux esprits, à sçauoir si la multiplication du nombre arriue iusqu'à l'infiny, & si veritablement il se peut donner vne multitude infinie de quelle chose que ce soit. Si ie voulois prendre le party de l'affirmatiue, ie ne manquerois nullement de preuues pour la soustenir; & dirois pour vn premier lieu que l'infiny estant vne proprieté de la quantité, il faut qu'il y ait, où se puisse donner vne quantité infinie, soit en grandeur, soit en nombre aussi bien comme la finie, autrement ceste proprieté seroit superfluë.

D'ailleurs à toute puissance doit respondre son propre acte, par lequel elle est determinée. Or la puissance de Dieu est infinie, son effect donc sera infini. Car supposé que Dieu agisse suiuant toute l'amplitude de sa puissance, c'est à dire qu'il fasse tout ce qu'il peut faire, ie demande si ce qu'il produira sera infiny, ou finy? s'il produict l'infiny, il n'est donc pas impossible; si le finy seulement, sa puissance sera pareillement finie, qui est vn blaspheme.

En outre, tout le monde auoüe auec Aristote, qu'il y a vne infinité de momens en chaque espace de temps; soit qu'ils y soient distinctement qu confusément, ce que nous demeslerons par apres, qui empesche donc qu'en chacun de tous les instans qui sont en vne heure, Dieu ne puisse créer vn Ange, & ces instans estans infinis, les Anges aussi le seront.

Mais pourquoy me tourmente-ie à monstrer que Dieu peut de sa puissance absoluë produire vn nombre actuellement infiny, puis qu'Aristote mesme confesse non qu'il peut estre, mais qu'il est veritablement & de faict, en disant que la quantité continuë est diuisible iusques à l'infiny? Car si vous diuisez vne verge de deux pieds en deux moitiez, & vne de ces moitiez qui sera vn pied en vne autre moitié qui sera demy pied, puis ceste moitié en vne autre moitié qui sera vn quart, & ainsi consecutiuement faisant la section par ceste façon de parties, qu'on appelle proportionnelles, iamais vous n'en verrez la fin, & n'arriuerez à la derniere partie: car celle que vous estimerez la derniere, pour ne pouuoir estre par vostre industrie actuellement diuisée en deux autres parties à cause de sa petitesse, ne laisse pourtant d'estre de soy diuisible, encor en plusieurs voire en vne infinité de ces parties proportionnelles: mais qui voudroit coupper le continu en parties esgalles, trouueroit bien tost la fin: & c'est de ces parties qu'entendoit Aristote, quand il a dit au premier de sa Physique, que le finy par le retranchement du finy estoit finalement consumé.

Pour reuenir donc à mon argument, si la verge

ou baston se peut diuiser en portions infinies, il faut necessairement admettre qu'elles y estoient auant la diuision: car il est impossible de s'imaginer qu'on la peut diuiser en des parties qui n'y sont pas. Que si de la diuision du contenu prouient le nombre, comme veut le mesme Aristote, & ceste diuision procede iusqu'à l'infiny, il faudra necessairement conclurre que le nombre est, ou peut estre infiny.

Ie pourrois encore monstrer, qu'en la doctrine d'Aristote le nombre infiny, non seulement est possible, mais qu'il est veritablement. Car au liure huictiesme de sa Physique, il tient pour tout asseuré que le monde est de toute eternité: & aux liures de l'Ame il semble s'accorder auec nous touchant l'immortalité de l'ame raisonnable, d'où i'infere que puis que le Philosophe admet que le monde a tousiours esté, il faut necessairement qu'il admette vne infinité d'hommes auoir precedé tout ainsi qu'vne infinité de iours & d'années. Et comme on ne peut iamais assigner le 1. tour du ciel, veu qu'auãt celuy que nous poserions, vne infinité d'autres auroient precedé, aussi ne sçauroit-on iamais assigner le premier homme: car à l'infiny, n'y a ny premier ny dernier, ny commencement ny fin: il y a neantmoins ceste difference, que les iours & les ans prouenans des circonuolutions celestes, n'estans point permanens, ne peuuent faire vn nombre actuellement infiny: mais les ames qui ne meurent iamais, ayans esté creées en l'infinité de ces iours, ferõt necessairement vne multitude infinie.

Ceux qui veulent sauuer Aristote de la contradiction, tiennent qu'il n'a iamais creu l'ame raisonnable immortelle; & que s'estant apperceu de cela, il en a parlé fort obscurément, & en termes du tout ambigus. Les autres ayment mieux aduoüer qu'il se soit contredit, que de luy attribuer vne opinion si impie que la mortalité des ames. Auerroës s'est imaginé, qu'outre l'ame sensible & vegetante qui est en l'homme, comme au reste des animaux de mesme nature & condition, c'est à dire mortelle, il y auoit quelque chose d'immortel & d'incorruptible, à sçauoir l'entendement: mais il ne vouloit pas que chasque homme eut le sien en particulier, ains estimoit que comme il n'y a qu'vn Soleil, par la lumiere duquel vne infinité d'yeux voyent, sans qu'vn chacun aye sa lumiere particuliere, il y auoit aussi vn entendement commun & vniuersel qui seruoit à tous les hommes pour les operations de la raison; & par ce moyen il pensoit oster l'infinité des ames, qui suit en consequence d'auoir faict le monde eternel: comme a faict encore Auicenna, par le moyen de la palingenesie ou transmigration des ames d'vn corps à vn autre, disant que le Philosophe a creu que certain nombre d'ames auoit esté creés de toute eternité, mais que sortans d'vn corps elles entroient incontinent en vn autre, suiuant l'ancienne & fameuse opinion de Pythagore; à quoy pourtant Aristote n'a iamais pensé. Et voila des raisons en faueur du nombre infiny, qui ne sont pas impertinentes.

Mais qui voudroit soustenir l'opinion contraire, ne manqueroit point d'argumens, aussi vray-semblables pour ce party, comme i'en ay produit pour l'autre. Car premierement on ne me sçauroit donner vn nombre pour si grand qu'il soit, auquel ie ne puisse adjouster pour le moins vn, & cela suffit pour monstrer qu'il n'estoit pas infiny : car à l'infiny rien ne peut estre adjousté. D'ailleurs il s'ensuiuroit que la partie seroit esgalle à son tout, ce qui est impossible : Car donnez-moy vn nombre infiny d'hommes, il faut necessairement qu'il y ayt plus de mains que de testes, & plus de doigts que de mains; que si le nombre des doigts est infiny, celuy des mains ne le peut estre, moins encore celuy de testes: d'autant qu'il se trouue des plus grands nombres qui le surpassent : Or l'infiny ne peut estre excedé ny outrepassé, autrement il manqueroit là où commenceroit cest excez: & entre les mains & les testes y auroit proportion double, comme l'on voit, qui monstre que l'vn & l'autre nombre ne peut estre infiny: Car ny du finy à l'infiny, ny entre les infinis mesmes, n'y peut auoir de proportion, si ce n'est que nous disions que tous infinis sont esgaux, & alors reuiendra l'absurdité cy-deuant proposée, que la partie seroit esgalle à son tout, veu qu'il faudroit aduouër qu'en ce nombre infiny d'hommes il n'y auroit pas plus de doigts que de mains, qui est vne chose esloignée de toute saine imagination.

Mais pour monstrer encore plus clairement l'imposl'impoſſibilité de ceſt infiny en matiere de nombre, ſuppoſons que Dieu crée actuellement vne infinité d'hommes, & leur donne à chaſcun vn eſcu. Que maintenant tous ces hommes mettent enſemble en vn tas leurs eſcus; il faut neceſſairement que ſi les hommes ſont infinis, que les eſcus le ſoit pareillement: que ces hommes donc reprennent leurs eſcus, mais en telle façon qu'au lieu d'vn, chaſcun en prenne cent, ie demande s'il y en aura aſſez pour tous, ſi vous dites que ouy, vous faictes gratuitement vne multiplication au centuple, contre la ſuppoſition qu'ils n'en auoient que chaſcun le ſien. Que ſi les eſcus ne ſuffiſent pas pour tous, ils manqueront donc à quelques-vns, & partant n'étoient pas infinis: car l'infiny ne peut eſtre eſpuisé; & les eſcus n'eſtant point infinis, les hommes auſſi ne l'eſtoient poinct,

Or les meſmes contradictions qui reſultent d'admettre l'infinité au nombre, ſuiuent encore en quelque autre accident que ce ſoit, comme eſt par exemple la chaleur ou froideur, la peſanteur, la lumiere, &c. Et poſons par exemple vne pierre en la ſupreme region de l'air, en laquelle (s'il eſt poſſible) Dieu produiſe vne peſanteur infinie, ſi rien n'empeſche qu'elle ne tombe en terre, il s'enſuiura qu'elle ſe mouuera, & ne ſe mouuera point: Elle ſe mouuera, parce que de ſa nature elle deſcendra en bas comme à ſon centre, là où elle ne pourra paruenir, ſans paſſer par la moyenne & baſſe region de l'air, laiſſant vn lieu, pour en prendre vn autre, qui est se mouuoir de mouuement local. Elle ne se mouuera point, parce qu'ayant vne infinie pesanteur, le mouuement seroit infiniement viste, & partant se fairoit en vn instant. Or il est impossible, comme demonstre Aristote, que le mouuement se puisse faire sans temps, veu que le temps est la mesure du mesme mouuement. La pierre donc ne peut estre en mesme instant d'où elle part, & au terme où elle va: que si au mesme instant que vous la feignez estre en terre, elle est encore au lieu d'où elle part, comme il faudroit admettre, elle n'aura nullement bougé: car tandis que le mobile est au terme d'où il part, il ne se meut point: le mesme incõuenient arriuera, si l'on admet quelque corps infiniement chaud ou froid: car soient donnez par exemple deux Agens, dont l'vn soit infiniement chaud, & l'autre infiniement froid, & au milieu d'iceux soit posé vn corps; sans doute ces deux Agens agiront sur luy en vn instant: car ayans vne vertu infinie, rien ne leur peut resister pour employer du temps à le combatre: ce corps donc posé au milieu de ces deux Agens, sera en vn mesme instant infiniement chaud, & infiniement froid, ce qui est impossible.

Suitte de la mesme matiere, & que le nombre des poincts est infiny.

Chap. X.

IE me suis contenté de traitter la presente question de l'infiny problematiquement, sans en rien decider, afin de laisser à vn chacun l'option d'embrasser l'opinion qui luy semblera plus voysine du vray-semblable, & respondre quant & quant aux argumens contraires, desquels la solution n'est pas trop difficile, veu qu'il y en a qui se destruisent eux-mesmes, & peuuēt estre retorquez contre les aduersaires, à la façon des dilecmes, comme est celuy-là de la toute-puissance de Dieu, que plusieurs tiennent pour inuincible.

Car ie demanderois volontiers à ceux qui veulent argumenter de l'infinité de la cause à l'infinité de l'effect; Si Dieu faisant tout son effort à la creatiō d'vne multitude d'Anges, en peut encore créer dauantage, ou non: S'il n'en peut créer dauantage, donc sa Puissance est entierement espuisée, & partant n'est pas infinie: s'il peut en augmenter le nombre, il n'estoit donc pas infiny. Et ne faut nullement craindre que cela deroge à l'infinie puissance de Dieu, quand l'effect n'est pas infiny: car le defaut prouient de l'imperfection qui est aux creatures, lesquelles pour auoir leur estre limité sont incapables d'aucune perfection infinie; car cest attribut n'appartient qu'à Dieu ſeul, lequel monſtre aſſez d'ailleurs ſa puiſſance infinie en deux façons : l'vne, en ce qu'ayant produict vne creature parfaicte, il en peut produire vne autre plus parfaicte, & puis vn autre, & encore vne autre ſucceſſiuement iuſques à l'infiny. L'autre en la façõ de la production, ayant tiré tout ce monde du rien, pour laquelle choſe eſt requiſe vne puiſſance infinie, y ayant vne infinie diſtance du non eſtre à l'eſtre, d'ou viẽt que la creation, qui requiert neceſſairement vne vertu infinie, ne peut eſtre communiquée aux Anges, ſuiuant le dire de ſainct Thomas, non plus que la Diuinité meſme. Et voyla comme ceſt argument qui ſembloit ſi preignant, a eſté combattu par vn autre plus fort. Et ſi vous me demandiez de quel coſté ie pencherois pluſtoſt en ceſte queſtion problematique du nombre actuellement infiny, ie reſponderois que c'eſt de celuy qui ſe tient ſur la negatiue.

Ce neantmoins i'afferme, & tiens pour choſe tres-aſſeurée, qu'il y a vne infinité de poincts en la ligne, & qu'il n'eſt pas impoſſible de donner vne multitude infinie de quelque choſe; mais c'eſt en la façon que nous allons declarer tout preſentement.

Ariſtote au liure troiſieſme de ſa Phyſique, dict que l'infiny eſt vne quantité, hors laquelle on trouue touſiours à prendre quelque choſe, c'eſt à dire que iamais on n'en prendra tant, ſoit en grandeur, ſoit en nombre, qu'on ne laiſſe touſiours quelque chose qui reste. Cest infiny maintenant est de deux sortes, l'vn qu'on appelle vulgairement Syncategorematique, ou infiny par puissance; l'autre Categorematique, ou actuellement infiny. L'infiny par puissance, est celuy duquel on ne prend iamais tant de parties successiuemẽt, & l'vne apres l'autre, qu'on n'en puisse tousiours prendre dauantage, soit par la diuision, comme en la quantité continuë, seroit par exemple vne verge, laquelle peut estre diuisée iusques à l'infiny, en parties proportionnelles, comme nous auons expliqué cy-deuant, soit par l'addition comme en la multitude, & au nombre lequel peut croistre iusques à l'infiny, par l'addition des nouuelles vnitez: car on ne peut donner vn si grand nombre, qu'on n'en puisse encore assigner vn plus grand. Mais l'infiny Categorematique, qu'on appelle simplement infiny, est celuy qui a actuellement & distinctement vn nombre infiny de parties esgalles, en telle façon, que si c'est vne quantité continuë, comme vne longueur, on y trouuera vne infinité de pieds, ou de coudées: si c'est vne quantité discrete, comme le nombre, on y pourra trouuer vne infinité d'vnitez: & c'est infiny icy, est celuy que ie nie estre n'y pouuoir estre pour les contradictions cy-dessus mentionnees qui en resultent.

Mais l'autre sorte d'infiny, que nous auons appellé Syncategorematique, non seulement est possible, mais se retrouue encore en la nature, à sçauoir en la quantité, tant permanente, que successiue: car nous auons declaré cy-dessus, qu'vne verge, par exemple, se peut diuiser en des parties proportionnelles, iusques à l'infiny, c'est à dire qu'en la diuision on ne pourra iamais paruenir iusqu'à la derniere; d'où il faut inferer que ces parties sont veritablement au continu, mais non pas distinctes & separées, comme elles seroient apres la diuision réelle, par laquelle nous pouuons bien acheuer de couper vne verge en des parties qui seront voirement finies, à cause que nous paruiendrons à vne si petite quantité, qu'il nous seroit impossible de la pouuoir encore diuiser auec quelque instrument; mais l'entendement ne laisse pas de conceuoir encore en ceste petite parcelle d'autres menues parties distinctes de lieu & de situation, esquelles de sa nature elle est diuisible, & celles-là encore en d'autres iusques à l'infiny: car ceste diuision mentalle ne s'acheue iamais, d'où vient que ces parties proportionnelles sont dictes infinies en puissance, parce qu'on n'en donne iamais tant qu'on n'en puisse encore donner d'autres, & cela successiuement: car il ne faut pas estimer que vous ayez iamais toutes ces parties distinctes & actuellement separées tout à la fois; autrement vous admetriez l'infiny Categorematique, qui est impossible comme nous auons dict. Et en cest inconuenient sont contrains de tomber, ceux qui veulent que la ligne soit composée de poincts, & le temps de momẽts: car y en ayant vne infinité, & n'estans conioincts l'vn auec l'autre par quelque chose qui les lie, ils fairont vne quantité diſcrete, & ſeront reallement diſtincts, & non pas l'vn dans l'autre, comme ſont les parties en la quantité continuë, d'où s'enſuit qu'il faudroit admettre ceſt infiny Categorematique, que nous auons dict eſtre du tout impoſſible.

Comme les parties doncques de la quantité continuë ſont infinies en puiſſance, à la façon que nous venõs d'expliquer, auſſi le ſont les poincts qui ſont en icelle, ou en quelque ligne que ce ſoit, puis qu'ils ſeruent de terme commun à les conjoindre, & n'en ſçauroit-on donner tant qu'il ne s'en donne encore d'auantage. Or quand ie dis que les poincts ſont en la ligne par puiſſance, n'entendez pas virtuellemẽt, à la façon que la chaleur eſt au corps du Soleil, ou la forme dãs la matiere: car ſe ſeroit n'y eſtre poinct reéllement: & toutesfois nous voyons que dans vn cube vous taillerez vn rhombe ſolide, ou vn cone, les extremitez deſquelles figures aboutiſſent à de poincts reéls, qui eſtoient veritablement dans la ſolidité du cube, duquel ils auroient eſté tirez: mais ils y ſont d'vn acte confus, & non diſtincts entr'eux, en telle maniere qu'on ne ſçauroit aſſigner le premier, ny le dernier, non plus que la premiere ou derniere partie, ou noter preciſément leur lieu & ſituation, en diſant, icy eſt vn poinct, là vne partie, & puis là vn poinct: car les parties meſmes y ſont confuſément, & l'vne dans l'autre, en la façon que le quart eſt dans la moitié, & la moitié dans ſon tout.

Le mesme, dis-je, des momens ou instans qui conjoignent les parties du temps, & attachent le passé auec le futur: car tout ainsi qu'apres vne partie de la quantité suit le poinct, & puis vne autre partie diuisible, de mesme l'instant est entre deux parties de temps qu'il conjoinct comme terme commun, l'vne desquelles faict le passé, & l'autre l'aduenir. Et comme il y a vne infinité de semblables parties, aussi y a-il vne infinité de momens, lesquels ne se retrouuent iamais tous à la fois: car c'est le propre des choses successiues, de n'auoir iamais ses parties ensemble, mais l'vne apres l'autre, comme sont encore les parties du mouuement.

C'est donc proprement en ceste quantité successiue que peut auoir lieu l'infiny Syncategorematique: car mesme en la quantité permanente, si vous y prenez garde, vous trouuerez que les parties du continu ne sont poinct infinies, sinon entant que nous conceuons vne diuision qui se faict successiuement, & nous donne les parties l'vne apres l'autre, desquelles nous ne trouuons iamais la derniere, parce que nous ne finissons iamais la diuision ainsi faicte mentalement: mais si nous considerons les mesmes parties, comme permanentes, sans songer à la diuision ou separation de l'vne auec l'autre, nous trouuerons que tout est finy.

Ie dis bien plus, qu'il est du tout impossible que l'infiny Categorematique, non seulement puisse estre, mais encore se puisse imaginer à cause des manifestes contradictions qu'on y troune: Tellement

ment que c'est à grand tort qu'on accuse Aristote de s'estre oublié, ou donné tout a faict dans la contradiction, nyant d'vn costé l'infiny actuel ou Categorematique, & de l'autre costé faisant le monde eternel auec les ames immortelles, comme s'il s'ensuiuoit qu'encore que les hommes eussent esté de toute eternité, & les ames ne mourans point, il y en deust auoir maintenant vne infinité, comme tous les interpretes inferent ; mais ie ne voy nullement auec quelle raison : Car qui ne voit que ce nombre d'ames ne seroit point infiny, veu qu'on en peut trouuer le bout, & assigner la derniere, à sçauoir celle que Dieu crée en ce moment que i'escris cecy, ou si vous voulez conter en rebroussant vers l'eternité, vous la pourrez appeller la premiere.

D'ailleurs est-ce vn nombre actuellement infiny, celuy-là auquel vous pouuez adjouster beaucoup d'autres vnitez, qu'il ne comprent point comme seroient les ames que Dieu créera demain & apres demain, & iusqu'à la fin du monde? Car il y en a plus maintenant qu'il n'y en auoit l'année passée, & y en aura beaucoup plus d'icy à dix ans, qu'il n'en y a maintenant, si la generation des hommes continuë. Les ames donc qui sont maintenant, posé le monde eternel ne pourroient estre infinies.

Or comme Auicenne s'est grandement trompé, en faisant possible l'infiny Categorematique, posée l'eternité du monde, vn grand Philosophe de nostre temps que ie ne veux nommer, s'est encore plus abusé en faisant impossible le Syncategorematique, supposée la mesme eternité du monde : car dit-il, si vne infinité d'hommes, & vne infinité de generations sont passées, elles n'estoient donc pas infinies ; car l'infiny ne se peut passer.

Cest argument à la verité procede contre l'infiny actuel ou Categorematique, mais non contre le Syncategorematique ; car c'est mal argumenté de prendre vn certain nombre finy dans ceste sorte d'infiny, pour nier qu'il puisse estre comme font ceux qui prennent seulement les iours qui sont passez iusques à maintenant, sans y comprendre ceux qui viendroient apres à perpetuité, si le monde ne prenoit iamais fin.

Et c'est de la façon qu'il faut considerer l'infiny Syncategorematique (qui est le vray infiny, car l'autre se destruict soy-mesme,) non en prenant quelque certain nombre de ses parties ; car vous le trouueriez tousiours finies : mais prenant ensemble celles qui ont esté, qui sont & qui seront, comme seroient les roulemens du Ciel, posé que le monde eust tousiours esté, & ne finit iamais : car les considerans tous ensemble, ils seront infinis, d'autant que faisant rouler nostre imagination circulairement à l'entour de ceste eternité, comme nous pourmeneriõs le doigt à l'entour d'vn globe, nous ne trouuerions iamais le commencement ny la fin. En quoy l'on peut voir que s'il y a rien de creé où l'on puisse marquer quelque image d'infinité, c'est le mouuement & le temps : mais briſons icy le diſcours, & mettons s'il eſt poſſible à l'infiny quelque fin.

Que le poinct eſt le principe de toutes choſes.

CHAP. XI.

GRande a eſté la diuerſité des opinions entre les Philoſophes, touchant l'eſtabliſſement des Principes de la nature. Les vns veulent que ce ſoit la terre, comme Heſiode; Thales Mileſien dict que c'eſt l'eau, Anaximenes l'air, & Heraclyte le feu, Pythagoras le nombre, Platon l'idée & la matiere, Zareta Chaldeen la lumiere & les tenebres, Leucipe & Anaxagoras les atomes, les autres le pair & l'impair, autres le droict & l'oblique, d'autres le maſle & la femelle, quelques-vns le vuide, aucuns l'interualle ou l'eſpace, autres le Chaos, les Spagyriques le ſoulfre, le ſel, & le Mercure, Ariſtote la matiere, la forme & la priuation.

Mais nul ne me ſemble auoir plus approché de la verité, que celuy qui a mis l'infiny pour principe de toutes choſes: car il n'a pas ſeulement compris la cauſe efficiente de tout eſtre qui eſt Dieu, mais encore le ſujet, duquel tout a eſté tiré par ceſte puiſſance infinie, qui eſt le rien, lequel on peut à bon droict appeller infiny: car le monde eſt ãt finy, & y ayant vne diſtance infinie du non eſtre, qui eſt le rien à l'eſtre, qui eſt quelque choſe, il faut que de ces deux termes, l'vn ſoit infiny, à ſçauoir le rien, puis que l'autre qui eſt l'eſtre eſt finy, & de l'vne à l'autre, comme du finy à l'infiny, n'y a nulle proportion. Or nous auons monſtré cy-deſſus que le poinct eſtoit infiny; tellement qu'en ceſte conſideration le nom de Principe luy peut fort biẽ conuenir.

D'ailleurs, Ariſtote meſme dans ſa Phyſique, met la priuation pour vray & réel principe de toute generation, & ſans laquelle rien ne ſe produiroit, attendu que c'eſt vn des extrémes, entierement neceſſaire à toute production. Or qui ne voit qu'en ceſte façon encore le poinct merite le nom de Principe, attendu que c'eſt vn extréme, comme la priuation duquel ſe produict quelque choſe, à ſçauoir la ligne, qui ſe faict du flus du poinct: de ſorte que comme le feu s'engẽdre de ce qui n'eſt pas feu, qui eſt la priuation, & le mouuement procede du terme qui ne ſe meut point; de meſme la quantité s'engendre de ce qui ne l'eſt pas, comme de ſon extréme, à ſçauoir du poinct.

Mais parce que nous auons dict que le poinct eſtoit le principe de toutes choſes, & que bien que l'on accordaſt la propoſition pour le regard des ſubſtances materielles & corporelles, on pourroit à bon droict douter, ſi nous y comprenons encore les ſpirituelles, comme les intelligences & l'ame raiſonnable: car il ſembleroit bien eſtrange de dire qu'elles tirent leur principe d'vn poinct. A cela ie reſpons que ſuiuant l'opinion de Tertulian, Origene, & les Platoniciens, qui diſoient que les

Anges eſtoient corporels, & que l'ame n'eſtoit qu'vn vent ſubtil, ou vne pure flamme, il ne ſeroit pas difficille d'aduoüer le poinct Mathematique pour principe de ces ſubſtances, puis qu'on leur donne vn corps.

Mais ie paſſe bien plus outre, & dis que les conſiderant en leur nature purement ſpirituelle, & deſpoüillée de toute matiere & quantité, comme on les doit tenir par les decrets orthodoxes, toutes ces ſubſtances immaterielles tirent leur principe du poinct : car eſtans produictes en vn inſtant, elles commencent par vn terme intrinſeque de leur eſtre, à ſçauoir en ce poinct, auquel on peut dire maintenant la choſe eſt, & immédiatement auparauant n'eſtoit pas, ce que les Naturaliſtes appellent commencer par le premier de ſon eſtre ; là où le mouuement & les choſes qui en dépendent, commencent par vn terme exterieur, qu'ils appellent le dernier du non eſtre : c'eſt à dire en ce poinct auquel on peut dire la choſe n'eſt pas maintenant, mais elle ſera incontinent apres, qui eſt commencer en temps, ou auec le temps. Tout ainſi donc que le mouuement dépend neceſſairement du terme d'où le mobile part, & la generation de la priuation ; de meſme l'Ange ou l'ame raiſonnable dépendent & procedent de ces termes de commencement, qui ne ſont que d'inſtans ou poincts indiuiſibles, qui concourent à la production de la choſe, non comme parties integrantes, mais comme termes & extremitez d'où elles procedent.

Mais laissant à part les choses spirituelles, il nous sera bien plus aisé de monstrer comme les corporelles dépendent entierement du poinct, comme de leur principe. Il y a, disent les Philosophes, deux manieres de corps, l'vn Physique, l'autre Mathematique, corps Physique s'appelle tout ce qui est composé de matiere & de forme, comme l'homme, l'arbre, la pierre. Le corps Mathematique ne dit rien que la quantité, ou les trois dimensions, longueur, largeur & profondeur, sans considerer la matiere, non qu'il se donne aucun corps en nature, où les dimensions seules se retrouuent sans la matiere, mais par vne maniere d'abstraction nous separons ces deux choses.

Que le poinct donc ne soit le principe du corps Mathematique, personne n'en peut douter, attendu qu'il est le principe de la ligne, & les lignes mises de long & de large, font les surfaces, & tirées perpendiculairement, les soliditez & les corps. Mais pour le corps Physique, il y aura plus de difficulté de le faire naistre du poinct, attendu que ny la matiere ny la forme, dont le corps naturel est composé, ne semblent dependre aucunement de luy, pour en tirer leur estre.

Il me seroit pourtant aisé de le monstrer par la Philosophie de ceux qui tiennent que ce que nous appellons matiere premiere, n'ayt autre chose que la quantité, auec ses trois dimensions, laquelle opinion n'est pas tant esloignée de la vray semblance qu'on ne la peut aisément soustenir. Car à la verité il y a telle ressemblance de l'vne à l'autre, qu'il semble du tout hors de raison de les distinguer, & leur donner diuers noms, n'ayans qu'vne mesme nature.

La matiere est ingenerable & incorruptible, aussi bien l'est la quantité, & n'y a nul agent qui la puisse produire, ou bien l'aneantir, y en ayant tout autant maintenant qu'il y en a eu dés le commencement du monde ; si que iamais ne se trouuera qu'on puisse rendre vn corps plus grand, sans y adiouster de la matiere, ny plus petit, sans en oster, & bien que par le froid les corps viennent souuent à se constiper & serrer, comme nous voyons arriuer aux corps morts qui se retressissent à l'eau glacée, à la cire fonduë quand elle se reprent, à l'air d'vne ventouse, &c. au contraire le chaud les fait dilater, comme il se voit en la vapeur qui est en la chastaigne, & en l'eau qui bout sur le feu ; si est-ce neantmoins que ces corps ne font que changer de situation, ayans leurs parties plus ou moins vnies soubs la mesme quantité : car occuper plus ou moins de lieu, n'arguë point infailliblemẽt plus ou moins de quantité, mais vne diuerse disposition des parties. Et ce qui monstre qu'il n'y a eu nulle variation en la quantité par la dilatation ou restriction, c'est que le mesme poids demeure tousiours: car la paste enflée par le leuain, & occupant plus de lieu, ne pese pas plus qu'elle faisoit auant qu'estre leuée, qui monstre que n'y ayant eu d'augmentation de matiere, il n'y en a pas aussi de quantité, comme on peut voir encore en vne esponge, laquelle pour estre serrée ne se peut dire à bon droict plus petite qu'auparauant ; & l'on ne dira point qu'il y ait plus de laine en vne balle lors qu'elle est estenduë, que lors qu'elle est bien serrée.

Et certes l'opinion de S. Thomas me plaist d'auantage en cecy que celle du Docteur subtil, qui veut introduire ceste augmentation ou perte de quantité, sans addition ou diminution de matiere. Mais ie luy voudrois demander en quelle façon ceste quantité se peut perdre sans perte de la matiere, ou quel agent fera abolir aucune de ses dimensions: ce ne peut estre premierement son contraire; car la quantité n'en a point ; ce n'est non plus par l'absence du conseruant, comme la chaleur se perd par l'extinction du feu: car la quantité demeure de soy-mesme, sans auoir besoin de son producteur pour se maintenir.

Et si nouuelle quantité suruient sans nouuelle matiere: ie demande pareillement où est-ce qu'elle trouuera place: car chasque parcelle de la matiere ayant ses dimensions, si elle en receuoit quelque estrangere auec elle, ces deux quantitez entreroit l'vne dans l'autre par ceste penetration, qui est tellement impossible, que si l'on pouuoit tenir vne esguille droicte sans qu'elle flechit d'aucun costé, elle pourroit soustenir sur sa poincte le plus grand poids du monde, plustost qu'vne partie d'icelle entrast dans l'autre: Que si vous dites qu'vne partie de ceste quantité faict place à l'autre, ie demanderay encore

encore où ſe retirera ceſte-là, & où eſt-ce qu'elle trouuera de lieu, ſans que les ſuſdits inconuenients ne reuiennent. Ce ſeroit veritablement faire vne foſſe pour y cacher la terre d'vne autre foſſe. Tant s'en faut donc que i'aduouë la quantité s'accroiſtre ou diminuer, ſans la perte ou l'aquiſition de nouuelle matiere, que i'ay bien de la peine à conceuoir comme elle peut encore occuper plus ou moins de lieu, encore qu'il le ſemble, & ne me ſeroit par trop difficile de reſpondre à toutes les experientes qu'on pourroit apporter en confirmation de l'opinion contraire, ſi le diſcours le portoit, qui n'a eſté pour autre fin, ſinon pour monſtrer comme la quantité, ſuiuant le grand Auerroës, ne peut eſtre iamais ſans la matiere, ny la matiere sãs icelle, & comme elles ſont tellement vnies, que l'vne n'a precedé l'autre d'vn ſeul moment : car à l'inſtant que la matiere a eſté produicte, la quantité l'a eſté quant & quant, qui monſtre clairement, ou qu'elle eſt la matiere meſme, ou qu'elle cõtribuë autant que la matiere à la conſtitution des corps naturels, afin de conclurre ce que deſſus, que le poinct eſtant le principe de la quantité, le ſera quant & quant de toute ſubſtance corporelle.

Mais d'autant que ceſte identité de la matiere, auec la quantité, choque directement vn myſtere orthodoxe, auquel par vn miracle ſpecial la quantité ſe retrouue ſans aucune matiere, comme la penetration des dimenſions n'eſt pas impoſſible aux corps glorifiez, il me faudra prouuer par vne autre voye ma premiere propoſition, & monſtrer comme le poinct eſt le principe de toutes choſes, par le moyen des atomes & petits corps naturels, deſquels nous allons parler au chapitre ſuiuant.

Des Atomes.

CHAP. XII.

IL n'y a rien de plus commun en la Philoſophie, que la tant fameuſe opinion des atomes, introduicte premierement par Democrite, puis ſuiuie d'Anaxagoras, Anaxemandre, Epicure, Lucrece, & autres de leur ſecte; iceux doncques tenoient que toutes les choſes qui ſont au monde, eſtoient composées d'vne infinité de corps indiuiſibles, qu'ils appelloient atomes, comme qui diroit inſecables ou impartibles, deſquels les vns eſtoient triangulaires, les autres ronds, les autres quarrez, & de pluſieurs figures, & que ſuiuant leur diuerſe ſituation, & ordre, diuers accidens & diuerſes figures ſe retrouuoient aux choſes composées de ces atomes, ſi que les corps ronds eſtoient formez d'atomes ronds, les obtus des quarrez, par le fortuit rencontre, deſquels ceſte grande & quaſi infinie varieté des choſes qui ſont en l'vniuers, auoit eſté composée à la façon que des combinations des vingt-quatre lettres de l'alphabet reſultēt vne infinité de dictions, d'où vient qu'on ſouloit appeller ceſte confuſion d'atomes πανσπερμίαν, comme qui diroit la semence de toutes choses, & que de tous ces petits corps, tout l'air en estoit remply; comme il est aysé de voir aux rayons du Soleil, qui entrent en vne chambre par quelque trou, qu'en vne longue suitte de siecles, & de miliers d'années, par l'assemblage d'iceux, il se faisoit casuellemẽt quelque grãd corps au monde, comme seroit vn astre, ou vne terre comme la nostre; mais que nous ne viuions pas assez pour voir la production de ces nouueaux corps.

Ce sont des resveries de Democrite, dira quelqu'vn, & vne Philosophie, qui non seulement choque les dogmes de nostre foy, mais est encore bannie pour le iourd'huy des Escholes publiques. I'aduoüe volontiers tout cela, & ne me veux point amuser à deffendre les erreurs des anciens sur ceste matiere; mais personne ne peut nier que ces atomes ne soient veritablement, & que l'air n'en soit tout remply: Et afin que vous ne pensiez pas que ce soient de petits festus esleuez de la terre, iusqu'à vne moyenne hauteur, i'ay remarqué sur le sommet des montagnes, les mesmes petits corps voletter aux rayons du Soleil, estant en la moyenne region de l'air, la terre estant toute couuerte de neige, & sans qu'vne haleine de vent souflast. Ce qui me faict croire que tout l'air en est plein, ou bien que l'air mesme en est composé.

Ceux qui tiennent qu'il n'y a proprement que deux Elemens, à sçauoir, la terre & l'eau, disent que de l'eau subtilisée, & esleuée en vapeur, se faict l'air,

& de l'air encore plus attenué & rarefié le feu. D'où vient que par l'attrition de deux cailloux, l'air s'enflamme, & l'exalaison en la nuë prẽd feu par la collision de l'air, en frottant deux bois ensemble, principalement le laurier & le lierre, vous en faictes sortir du feu, à cause que par la friction vous rarefiez merueilleusement l'air.

Or non seulement de l'eau procede le feu, mais encore les cieux en ont esté formez suiuant l'opinion des Rabbins: ce que monstre le mot Hebrieu Schamaim; & nos Theologiens ne s'esloignent pas de ceste creance, le tirans du Genese, où il se trouue que l'esprit de Dieu cheminoit sur les eaux. Et à la verité de tous les mixtes, voire mesme de ceux esquels nous croyons que predomine l'element de la terre, comme sont les animaux, les arbres, voire-mesme les metaux, nous trouuerons par la solution Spagirique, que l'eau y contribuë la plus grand' part. Car si vous faictes alambiquer vn mouton, qui pesera cinquante liures, vous en tirerez pour le moins quarante-cinq d'eau. Et le foyer ou nous-nous chaufons tous les iours, peut sans autre mystere nous rendre tesmoins oculaires de ceste verité: car y ayant faict brusler vne chartée de bois, pesant plus de cinq cens, à peine trouuerons-nous de tout cela cinquante liures de cendre, qui est la vraye terre, le reste s'en estant allé en vapeur par la cheminée, comme estant de nature aquatique. Surquoy i'aduertiray en passant le curieux lecteur, qu'il n'est pas impossible, par la seconde regle d'Arithmetique, de peser iustement la fumée, ce que plusieurs pourroient trouuer estrange.

Et pour reuenir à mon propos, si vous voulez encor vous esclaircir de la verité de ceste doctrine, que l'eau predomine aux mixtes mesmes les plus pesans, puluerisez deux liures du gayac le plus sec que vous pourrez trouuer, puis à force de feu exprimez-en premierement l'humeur aqueuse, puis l'aërienne, qui est l'huyle, que vous tirerez fort rouge & tresfacile à prendre feu, le reste qui demeurera au fonds de la cornuë, qui est la terre, ne pesera point trois onces, de laquelle terre encore ostez le sel par filtration, qui est de nature aquatique, & se resoult en eau, à peine aurez-vous deux onces de ceste terre que l'on appelle morte: car elle est inutile à tout, & ne pourroit rien produire. Pour le regard des metaux, la fusion vous faict venir en cognoissance, comme estans resouls en substance liquide ils ont beaucoup plus d'eau, qui est leur Mercure, que de soulfre, qui est leur terre.

L'air donques n'estant autre chose que l'eau subtilisée, se trouue tout remply d'atomes, qui ne sont que petites parcelles d'eau, desquelles il est composé. Car il n'y a chose au monde qui se diuise en tant & si petites parties comme l'eau: ce que vous pourrez experimenter si en mettant vn peu dans vostre bouche vous la souflez contre le rayon du Soleil: car en s'esparpillant elle vous produira vne infinité de ces petits corps, lesquels encore vous pourrez voir en la vapeur ou en la fumée qui monte au trauers du rayon ſolaire, mais l'air plus pur & plus rare à ſes atomes plus petits, leſquels on ne peut voir qu'au rayon du Soleil, parce que l'air voiſin, qui n'eſt point illuſtré du rayon, ſert de corps opaque pour terminer la viſion, ainſi que nous ne voyons la pluye quand elle eſt bien menuë, ſi elle ne paſſe au deuant de quelque feneſtre ouuerte, ou l'air eſtant ſombre ſert à nous renuoyer le rayon viſuel, comme faict l'argent vif, ou l'eſtain derriere la glace du miroir. Ce qui fauoriſe fort l'opinion de Platon, touchant l'extramiſſion, au prejudice des eſpeces intentionnelles.

Tout ce diſcours des atomes que quelqu'vn prendra pour vne digreſſion, poſſible par trop eſloignée du ſubject, n'a eſté que pour monſtrer comme le poinct qui eſt vn atome, eſt le principe de toutes choſes, attendu que non ſeulement en la doctrine des Philoſophes anciens, comme eſtoit Democrite, mais encore en celle des modernes Theologiens: les atomes de l'air, que nous auons dit n'eſtre autre choſe que l'eau ſubtiliſée, ont donné l'eſtre non ſeulement aux mixtes, mais encore au ciel, que Platon dit eſtre vne quinte eſſence tirée des fleurs des Elemens. Nous n'aquieſſons toutesfois aux erreurs des anciens touchant les atomes, comme de les faire eternels, ou que d'iceux la fortune en aye faict quelque piece du monde: Car depuis cinq mille ans nous n'auons pas encore veu quelque commencement ou progrez de cela, ny remarqué que quelque estoille en aye esté nouuellement bastie ou augmentée. Mesme nous n'admettons pas que ces atomes soient veritablement indiuisibles, comme le nom Grec le denote; puisque ceux qui les ont introduict, leur donnent des figures quarrées, rondes, triangulaires; mais on les appelle indiuisibles, parce qu'ils ne se peuuent reellement coupper par vne diuision actuelle, non plus que les petits corps qu'on nomme en la Philosophie Minimes naturels, desquels nous allons parler au chapitre suiuant.

Des petits corps naturels.

CHAP. XIII.

QVand on viendroit à nier les atomes (ce qu'on ne sçauroit faire sans dementir les sens) on ne passera pas iusques là, que de nier les petits corps naturels que tous les Philosophes admettent, qui pour leur petitesse, peuuent à bon droict estre appellez des poincts, puis qu'ils ne peuuent estre actuellement diuisez en des corps moindres, & desquels non seulement les corps mixtes, mais encore les simples sont composez: ce que ie monstreray clairement, tant par la voye de la generation, comme de la mixtion ou meslange des quatre Elemẽs, qui concourent à la production desdits mixtes, & le tout pour confirmer encore d'auantage, comme le poinct est le principe de toutes choses.

Mais pour bien entendre cecy, il faut ſçauoir que la nature qui ne peut endurer le progrez iuſqu'à l'infiny, a preſcript à tout corps certain termes de grandeur & de petiteſſe, & pour leſquels les Philoſophes ſont en diſpute : en cela s'accordent-ils tous de confeſſer qu'il y a de faict en l'vniuers quelque corps qui eſt le plus grand de tous, comme eſt le premier mobile ou le Ciel Empyrée, & quelque autre ſi petit qu'il ne s'en trouue point de moindre, comme ſeroit vn grain de ſable, pour les choſes inanimées, & pour les viuantes vn ciron. Voire meſme il faut aduouër qu'en chaſque genre ou eſpece des choſes, il y a touſiours des extremes tant de grandeur que de petiteſſe, qui bornent la latitude de leur quantité. Par exemple, qu'il y a maintenant à l'heure que nous parlons, quelque homme qui eſt le plus grand de tous les hommes qui viuent, & quelqu'vn qui eſt le plus petit, ou que ſoit l'vn & l'autre : ce que nous ne voyons pas, mais Dieu, ou meſme vne intelligence le voit, & le cognoit. Le meſme en diſ-je des autres animaux, chaſcun en ſon eſpece, comme encore des arbres, & autres vegetables.

Mais les Philoſophes paſſent encore plus outre, & diſent que les choſes animées ont des termes de grandeur & de petiteſſe ſi preſix & limitez, qu'elles ne les ſçauroient outrepaſſer, ſans leur totale deſtruction. Car l'homme, par exemple, ne croit pas touſiours, & ne vient à vne ſi demeſurée grandeur, qu'il puiſſe iamais eſgaller vne groſſe tour, ou vne mon-

montaigne, ny ne s'en trouue de si petit, comme vne fourmis, & iamais ne s'est veu vn rat paruenir à la grandeur d'vn cheual. La raison de cecy est d'autant que les facultez naturelles, tant de la nutrition que de l'accroissance, sont limitées à cause de la chaleur naturelle qui se diminuë tousiours en agissant, & ne peut tousiours remettre autant de substance comme il s'en perd, autrement l'animal ne mourroit iamais de mort naturelle: & si les membres d'vn homme estoient si énormes, comme les Poëtes ont feint ceux d'Orion qui auoit deux cens coudées, & de Titius qui couuroit de son corps sept arpens de terre, l'ame ne les sçauroit animer ny faire mouuoir. Et quoy que l'on die, que le Crocodile croit tousiours durant le cours de sa vie, cela n'apporte nulle consequence, que s'il viuoit encore autant comme il aura vescu, iusqu'à sa plus grande vieillesse, il ne diminuast tousiours peu à peu, au lieu de croistre, comme nous voyons arriuer aux vieillars decrepits, qui se courbent & retirent par la trop grande secheresse, comme vn parchemin sur le feu: car toutes choses, comme dict Ciceron, de l'Eloquence, & l'experience le monstre, vont tousiours croissant & augmentant iusqu'à vn certain periode, puis vont s'abbaissant & diminuant, comme le Soleil, quand il a passé le Meridien. Ainsi le cœur de l'homme, suiuant l'opinion des Arabes, croit tous les ans d'vne dragme, iusqu'à 50. ans, & puis se va diminuant à proportion, iusqu'à ce qu'il n'en reste point pour soustenir la vie.

Comme il y a donc certaines bornes de grandeur en chaque espece d'animal, que Dieu seul cognoist, & outre laquelle il ne pourroit viure, aussi y a-il des termes de petitesse, au de-là desquels l'animal ne pourroit viure ou s'engendrer : & bien qu'au temps de sa generation, il puisse estre souz vne bien petite quantité, comme l'on peut voir, l'homme se produire & former au vẽtre de la femme souz la grandeur d'vn doigt, pour viure neantmoins, & faire les fonctions requises à sa nature, comme est le raisonner, il luy faut de necessité vn plus grand corps que celuy de l'Embrion: car il faut qu'il y aye vne raisonnable distance du cœur iusqu'au cerueau, pour les fonctions animales, & de l'estomac iusqu'au foye, pour les naturelles: tellement que qui l'empescheroit de croistre, l'empescheroit quant & quant de viure, & voyla comme les choses animées ne croissent & ne se diminuent iusques à l'infiny.

Mais il n'en est pas ainsi des inanimées: car leur croissance se faisant par vne addition exterieure, ils n'ont de soy aucun terme de grandeur ou de quantité. Ce que nous voyons clairement au feu, lequel va tousiours croissant, à mesure qu'on luy fournit d'aliment pour brusler : & ne faut point douter que s'il n'estoit empesché de s'estendre par le concaue du ciel de la Lune qui l'enuirõne, qu'il se fairoit beaucoup plus grand, que n'est toute la masse de l'vniuers, supposé qu'on luy suministrast tousiours de nouueaux alimens, suiuant le dire du Sage, que le feu ne dit iamais, c'est assez. Car si le feu auoit de soy vn certain terme de grandeur, lequel il ne peust outre-passer, ie demande, si en cest estat là il ne pourroit pas brusler vn peu d'estoupe qu'on luy appliquera : si vous dictes que non, donnez-m'en quant & quãt la raison : car c'est vne bien grand' merueille qu'vn si grãd feu ne puisse brusler vn peu d'estoupe : s'il la brusle, il en viendra plus grand, & par consequent il n'auoit pas atteint le dernier terme de sa grandeur.

Voyla donc comme les choses inanimées n'ont aucun terme de grandeur qui les borne, si ce n'est par accident, & entant que l'ordre & symmetrie de l'vniuers le requiert, où nous voyons les Elemẽs garder entre-eux certaine proportion de grãdeur, pour la conseruation de leur estre.

Mais en ce qui est de la petitesse, nature a mis de certaines limites à toutes choses, souz lesquels elles peuuent estre, & non pas souz des moindres. Car quoy que la quantité soit naturellement diuisible iusqu'à l'infiny, si est-ce que par la diuision vous pourriez paruenir à des parties si extremément menuës, qu'elles ne pourroient subsister souz vne si petite quãtité, non pas qu'elles s'aneantissent totallement : car il est impossible, veu que la matiere premiere est incorruptible, & n'y a que Dieu seul qui la puisse reduire au rien, d'où elle a esté prise, mais elles ſe corromproient, & paſſeroient en quelque autre ſubſtance, à laquelle elles s'adjoindroient. Ainſi vous pourriez diuiſer le feu en de ſi petites parcelles, qu'elles ne pourroient ſubſiſter, ny reſiſter à leur contraire, mais ſe changeroient incontinét en air : que ſi la diuiſion ſe faiſoit en quelque eſpace vuide, où il n'y euſt nul corps, auquel il ſe peuſt tranſmuer, il pourroit alors demeurer ſous vn terme plus petit que l'ordinaire, mais ce ſeroit par miracle. Le meſme dis-je de la terre, de l'eau, & de tout corps, tant ſimple que composé, leſquels demandent tant pour leur production, que pour ſe conſeruer vne certaine grandeur, au deſſouz de laquelle ils ne pourroient ſe maintenir : car la forme demande vne certaine eſtenduë de matiere, ſans laquelle elle ne ſe pourroit engendrer, ny ſe conſeruer apres eſtre engendrée.

Or il n'y a que la ſeule nature qui puiſſe menuiſer les corps en ces atomes dont nous parlons, ny venir iuſtement iuſqu'à ces derniers termes interieurs de grandeur, auſquels nous pouuons dire la choſe eſt maintenant, immediatement apres ne ſera pas. Que ſi l'art y pouuoit arriuer, on n'auroit pas tant de difficulté à trouuer la vraye ſolution de l'or, que tant de gens recherchent par les eaux graduelles : car la pouldre impalpable, en laquelle le reduit l'eau royalle, n'eſt pas ſi ſubtile qu'elle ne le puiſſe eſtre encore d'auantage par la vraye ſolution naturelle de l'eau mercurialle, puis que ceſte-cy le destruit & met hors de sa nature, sans qu'il y puisse iamais retourner, & celle-là non.

Comme toute generation & mixtion naturelle se faict par l'assemblage des atomes, & petits corps naturels.

Chap. XIV.

Combien que la nature soit merueilleusement soigneuse de la conseruation des indiuidus qu'elle a produict, leur ayant liberalement départy toutes les armes, tant offensiues que deffensiues, & les industries dont elle s'est peu auiser pour les maintenir en leur estre, si est-ce neantmoins qu'elle a tousiours monstré vn plus grand soin pour la manutention des especes, lesquelles ne se pouuant maintenir que par la generation successiue des indiuidus, de peur que ceste si noble & necessaire action vint à manquer, elle y a voulu attacher vn si grand plaisir, que l'animal est porté d'vne plus grād' passion à engendrer son semblable, qu'à sa propre conseruation: & nature en est si ialouse, qu'elle prostera toute ayde & secours pour cest effect, au preiudice mesme de l'animal, permettant qu'il se consume & distille, par maniere de dire, son ame & son sang, plustost que de l'empescher d'engendrer, comme nous voyons qu'elle ne se soucie plus de substenter l'herbe, mais la laisse secher apres qu'elle a rendu sa semence.

Or combien qu'il n'y ayt rien de plus ordinaire en nature que la generation, puis que le monde ne se maintient que par elle, si a-il bien de la difficulté à cognoistre comment, & en quelle maniere elle se faict. Platon, Aristote, & la plus part des Phylosophes tiennent que toute generation se faict par la production des formes en la matiere, & que de ces formes, la matiere premiere en est, comme la fontaine & la source desquelles elle en est comme grosse : c'est pourquoy on l'appelle subject, matiere, masse, element, receptacle, & de plusieurs autres noms.

Mais de sçauoir comme ces formes sont en la matiere, c'est vne question qui n'est pas des moindres en la Physique. Aristote veut qu'elles y soient seulement par puissance, d'autres veulent qu'elles y soient imparfaictement, c'est à dire qu'il y ait quelques rudes lineamens d'icelles, lesquels peu-à-peu l'agent naturel meine à sa perfection ; & c'est ce qu'à mon aduis S. Augustin entendoit quand il dit au liure de la Trinité, que dans les Elemens du monde, c'est à dire dans la matiere premiere, sont les semences de toutes choses, lesquelles estant premierement ocultes, viennent apres à se manifester par le moyen de la generation. Platon en son Phedon ne tient pas que les formes ayent precedé la generation, ny fussent dans la masse ou matiere premiere, ains qu'elles deriuoient des ideées, & estoient insinuées dans la matiere, à l'instant que le composé s'engendroit. Mais Auicenne Arabe au premier liure de sa suffisance, a feint ou songé vne certaine intelligence sublunaire, gouuernante du monde elementaire, laquelle a la charge d'introduire les formes disposées par les agens naturels en la matiere premiere, & nomme ceste intelligence la Chalcodée.

Mais de toutes ces opiniõs, celle qui me reuient le plus, & qui paye plus la raison, est celle d'Anaxagoras, tant combatuë par le Philosophe, au premier liure de sa Physique, à sçauoir que la generation n'estoit autre chose que l'assemblage & combination de certains atomes ou poincts de mesme espece, lesquels estans auparauant ocultes & confus dedans la matiere dont elle estoit composée, se descouuroient & mettoient en l'ordre que demandoit la chose qui en estoit produicte, d'où il inferoit que rien ne s'engendroit de nouueau, mais que les atomes changeants de face, par la rare faction ou constipation representoient diuerses formes; car vn de ses principes estoit, que tout estoit en toutes choses, puis que de quelle chose que ce soit, toute autre s'en peut faire. A sçauoir, par exemple, que dans vn gazon de terre pure estoient l'eau, l'air, le feu, herbes, arbres, animaux, pierres, metaux, & tout autre corps, mais chacun dispersé en mille petites parcelles inuisibles, lesquelles venoient en apres à se manifester par l'assemblage de celles qui estoient de mesme espece : ainsi quand le feu s'engendroit, toutes les petites particules de feu qui estoient ça & là esparces dans ceste terre, venoient à s'vnir & se manifester, portans auec elles la nature & les proprietez du feu.

Or que les choses soient en ceste façon pesle-mesle, les vnes dans les autres, se peut facilement voir par les effects de la Spagirique, laquelle par ses resolutions ordinaires faict passer vn corps mixte par vne infinité de formes, l'alterant changeant & reduisant en tout ce qu'elle veut, à cause des trois principes essentiels, qui se retrouuent les mesmes en tout corps, soit simple, soit composé, sçauoir est soulfre, sel & mercure, iusqu'à ce qu'elle l'aye reduit en verre, qui est le dernier œuure de l'art, comme l'or est le dernier effect de la nature; car elle ne peut passer outre.

Or jaçoit que tous les Elemens contiennent en eux les semences de toutes choses en des petits poincts & atomes occultes, comme nous disions cy-deuant; la terre neantmoins est celle qui en est comme la matrice, les ayans receuës du ciel, qui les enuoye ça bas par les rayons du Soleil, pere de toute generation: ce que les anciens Poëtes, qui soubs le voile des fables, couuroient de grands mysteres, ont voulu signifier par ce mariage du ciel auec la Deesse Rhea, qui n'est autre chose que la terre.

Mais pour plus grande preuue de ce que ie viens de dire, à sçauoir que la terre contient en soy réellement & de faict, & non seulement en puissance, les semences de toutes choses contre l'erreur de ceux qui croyent qu'elle ne produiroit rien, si l'on ne les y auoit iettées dedans le sein, ayez de la terre

vierge,

vierge, comme seroit de l'argille prise, dix pieds si vous voulez dans terre, là où iamais graine de semence ne sera paruenuë : pulueriséz-là tres-subtilement, & la destrempez auec de l'eau claire ; versez l'eau par inclination dans vn vase ; faictes-en éuaporer par feu ou au Soleil toute l'humidité, & il vous restera au fonds dudit vase vne terre entierement vierge, laquelle sans doute vous produira d'elle-mesme dans peu de temps, & sans y rien faire, quelque chose de tous les trois regnes, à sçauoir des petites pierres pour le mineral, de l'herbe verte pour le vegetable, & des petits limaçons, ou autres insectes pour l'animal.

Ce n'est donc pas merueille si de la pluye & de la poussiere s'engendrent des grenoüilles, d'vn pasté de canard des crapaux, d'vn cheual mort des guespes, & des feüilles de certains arbres d'Irlande, tombans dans la mer, des oyseaux. Ce qui ne se feroit point, si les principes & premiers lineamens de ces animaux n'estoient réellement & de faict és corps desquels ils sont engendrez : autrement si les formes ne préexistoient en la matiere d'où elles sortent, sans doute elles seroient faictes de rien contre la maxime, que de rien ne se peut faire rien : car si du bois (comme argumente tres-bien Anaxagoras) s'engendre le feu, & que rien de ce feu ne fut au bois, il s'ensuiuroit deux absurditez, l'vne, que les quatre Elemens ne seroient dans vn mixte parfaict, tel qu'est le bois, puisque le feu y manque ; l'autre, que le feu qui n'estoit point, se faisant de nouueau, seroit creé & tiré du rien ; chose impossible aux Agens naturels.

Aristote dira que le feu n'y est pas actuellement, qu'il y est en puissance; mais c'est autāt à dire, cōme qu'il n'y est point : car estre en puissance, veut dire n'estre point, mais seulement pouuoir estre. Or si estre en ceste façon disoit quelque estre réel & veritable, toutes les choses qui ne sont pas, auroient estre, & seroient veritablement ; car toutes ont le pouuoir d'estre quelque autre chose, ou immediatement, ou par puissance esloignée. En ceste façon vn arbre est vne nauire, vn grain de lin est vne chemise, des cornes sont des asperges, la racine de fougere est vn verre, qui sont toutes absurditez manifestes : Et voyla quant à la generation.

Venons maintenant à la mixtion ou meslange, qui est vne espece de generatiō, en laquelle les Elemens s'assemblent & s'vnissent, pour former non vn corps simple, mais composé ; & nous trouuerons que ceste mixtion ne se faict que par l'assemblage d'vne infinité de petits poincts & atomes, esquels les Elemens, par leur mutuelle action, se diuisent : car il est autrement impossible de conceuoir ce meslange, auquel les Elemens, combattans les vns contre les autres, s'entretuent en telle façon qu'ils ne restent plus, & ne gardent rien que les qualitez, qui leur sont naturelles : ce qui ne pourroit estre, s'ils ne s'estoient reduicts en de si petites parcelles, que ne pouuās plus subsister souz icelles, ils passent en la nature du mixte. Or il faut bien dire que ces parties soient bien menuës, & fort symbolisantes aux poincts ou atomes, puis qu'il n'y a si petite parcelle, que vous puissiez prendre dans vn morceau de bois, laquelle ne soit composée des quatre corps simples, & n'aye encore en soy des plus petites pieces de chasque Element.

Cecy se preuue encore mieux au meslange qui se faict de deux liqueurs de mesme espece, comme quand on mesle l'eau auec l'eau: car si vous en remplissez vne cuue, chasque sceau d'eau que vous y iettez dedans, se mesle en telle façon auec l'eau premiere, qu'il n'y en a pas vne seule goutte qui se tienne à l'escart, principalement si l'on remuë le vase, & qu'on donne temps suffisant pour faire ce meslange. Il faut donc que ces eaux se conioignent par leurs plus petites parcelles, où bien qu'elles se penetrent; ce qui est impossible. Et ceste conionction ne se peut faire sans vne exacte diuision de l'eau en ses atomes; voire iusques-là que sainct Thomas croit que les vnes & les autres parties perdent leurs formes substantielles, pour ne les pouuoir retenir en si petite quantité; & que de ces deux eaux s'en faict vne troisiesme, comme des quatre Elemens se faict vne quinte-essence, qui est le mixte.

Mais si vous voulez auoir vne preuue oculaire de ceste diuision des liqueurs, iusqu'aux poincts & atomes, versez vne fiole d'encre dans vn sceau d'eau; & apres l'auoir agité quelque peu, & laissé reposer, vous ne sçauriez trouuer goutte d'eau, pour si petite que vous l'imaginiez, auec laquelle l'encre ne se soit meslée : ce qu'elle n'auroit peu faire, si elle ne s'estoit coupée elle-mesme, & n'auoit par mesme moyen coupé l'eau en vne infinité de parties : Ce que nous appellons teindre ou animer en termes Spagiriques : car tant plus qu'vne poudre est subtile & spiritualisée, tant plus grande vertu a-elle de s'espandre en moindre quantité, estant iettée sur quelque matiere : Voila pourquoy vn grain d'antimoine reduit en poudre impalpable, noircira tout vn verre plein d'eau, & se recueillera encore au fõds : Et n'y a point d'autre raison pourquoy l'ame extraicte du Soleil anime vne plus grande quantité de Mercure, que celle de la Lune, sinon que l'or se rend bien plus subtil par la calcination Philosophique, & par consequent se communique bien plus en sa teinture, qui est son soulfre incombustible, que ne fait point l'argent.

Mais parce que tout le monde n'entend point ce jargon, prenons vn exemple familier & iournalier quant & quant, qui est le vin meslé auec l'eau, qui niera que versant vn verre d'eau dans vn pot de vin, cest eau ne se mesle auec tout ce vin, en toutes ses parties les plus petites que l'on sçauroit imaginer. Vous direz que ce n'est pas vn vray meslange, d'autant que l'eau ne se conuertit point en vin : Mais cela n'empesche nullement que ceste diuision ne se fasse, & puis qui nous asseure que ceste conuersion ne soit point ; & que le vin par sa chaleur & acrimonie, ne change l'eau en son naturel, non pas tout à coup, mais dans quelque temps, principalement si le vin est puissant, & surpasse de beaucoup l'eau : car on tient que cela se faict tous les iours au sainct Sacrifice.

Ie sçay bien qu'on peut separer l'eau du vin auec vne esponge huylée, auec la moüelle d'vn iong, dans vn gobelet de lyerre, & en plusieurs autres manieres, dont Caton, Pline & Columelle en donnent des enseignemens: mais cela n'est pas vn signe éuident, que l'eau ne fut changée en vin : car par le moyen de l'alembic on separe bien les elemens d'vn corps mixte, encore qu'ils fussent conuertis en vne quinte-essence : & l'experience nous monstre que par les susdicts artifices, on ne laisse pas de tirer de l'eau du vin le plus pur, & dans lequel on n'en aura pas mis vne goute, laquelle eau ou liqueur aquatique n'est autre chose que la partie du vin qui n'a pas esté encore bien cuite & élaborée pour receuoir sa naturelle teinture : mais auec le temps, par le moyen de la fermentation elle viendra à se digerer, d'où vient que l'on tire moins d'eau d'vn vin vieux, que d'vn qui ne l'est pas tant : & soit assez parlé des atomes ou petits corps naturels, en consideration du poinct Mathematique.

Que la nature commence ordinairement ses operations par vn poinct.

CHAP. XV.

C'Est le stile ordinaire de la nature, de tirer la grandeur de ses œuures de la petitesse de leur principe, & d'vn foible commencement les mener au progrez d'vne perfection accomplie. Ainsi voyons-nous les plus grandes riuieres prendre leur origine d'vne petite source ou fontaine, & celle-cy se former peu-à-peu de l'air enfermé dans les cauernes de la terre, lequel la froideur d'icelle espaissit & conuertit en eau, la faisant distiller goute-à-goute, iusqu'à ce que par l'amas de plusieurs d'icelles, il s'en faict vn ruisseau, puis par la creuë de plusieurs autres eaux qui s'y rendent, vn fleuue si large & spacieux, qu'à la fin de son cours il verse vne mer dans la mer. De mesme le vent lors qu'il commence à se leuer de quelque autre, sort auec peu de bruict: mais ayant pris l'essor, tant plus il s'éloigne de son origine, tant plus il se faict grand, s'épendant au large & au long sur la mer & sur les campaignes, auec des terribles rauages. Les chesnes, les pins & les plus grands arbres viennent d'vn petit germe, & les Elephans & Balenes d'vn atome, s'il faut ainsi parler, de semence en comparaison de leur corps: & si nous regardons de bien pres, nous trouuerons en ces semences vn certain poinct, par lequel nature a commencé son operation en tous les trois genres des mineraux, animaux, & des vegetables.

La raison principale pour laquelle nature commence tousiours ses œuures par vn poinct, est d'autant que tout agent naturel agist en rond, & dans la Sphere de son actiuité : car si vous mettez vne chandelle au milieu d'vn champ, vous trouuerez qu'elle fera vn cercle de son illumination, vn brasier de feu eschauffe aussi en rond, le son de la cloche s'espend en ceste mesme façon, s'il n'y a rien qui l'empesche, comme faict encore l'odeur, & à la façon que nous voyons l'eau se dilater en rond, & faire ses cercles apres y auoir jetté vne pierre. Or s'il faut que l'agent opere en rond & en circonference, il est du tout necessaire que sa vertu se recollige au centre, cõme en vn poinct, d'où elle se va dilatant, iusqu'à l'extremité de son pouuoir, qui est tousiours la Sphere de son actiuité.

Iamais les fueilles d'vne rose, ou de quelque autre fleur, ne seroient rengées auec tant de iustesse, de proportion & d'égalité, tant en la forme qu'en la couleur & situation, si la vertu formatrice ne commençoit son operation par vn poinct, d'où tous les filamens & petites fibres se tirent esgalement. C'est du centre du noyau que sort le tronc & les branches de l'arbre : & en quelle semence ou graine que ce soit, la moïndre partie est le germe qui reside au milieu en forme d'atome, lequel estant excité par l'esprit chaleureux, qui reside en l'humeur radicale, commence à déuelopper ce qui estoit en masse & en confusion.

De toute la semence que iette l'animal, pour la generation de son semblable, il n'en y a qu'vne bien petite parcelle, qui proprement concoure à ceste action: Car bien qu'en elle soient contenus tous les membres & les lineamens du corps de l'animal, si est-ce que le principe d'agir, d'où commence à se mouuoir la vertu formatrice, n'est qu'en vn petit poinct: Tout ainsi que la chaleur vitalle qu'enuoye le cœur par toutes les arteres, & le perpetuel mouuement d'iceluy, ne prouient que du centre du mesme cœur.

Les Philosophes tiennent que l'ame raisonnable est toute en chasque partie du corps, & n'a point de lieu determiné en iceluy où l'on puisse dire qu'elle reside: ce qui se doit entendre de sa presence locale, dans le corps qu'elle informe: Mais quant à ses operations, les plus subtils estiment qu'elles procedent du cerueau, comme du principe du sens & du mouuement, & marquent en iceluy vne membrene, tissuë d'vne infinité de petits nerfs, à guise de ret, d'où vient qu'elle se nomme plexus retiformis, dans le centre duquel reside proprement l'ame, puis que de là comme d'vn poinct, toutes les vertus animales descoulent. Ce qui se voit clairement en ce que ceste partie estant blessée, alterée ou opilée par quelque humeur visqueuse, le sentiment est perclus, & tout mouuement cesse.

La perle, fille (comme aucuns croyent) de la rosée,

se fornie dans la conche, de l'humeur la plus pure & plus crystalline de l'huistre, laquelle s'amasse au milieu d'elle, en la moindre quantité qu'on sçauroit imaginer. A l'entour de ce petit atome s'attache vne petite peau, laquelle se desseiche, & durcit par la chaleur naturelle de l'huistre, puis sur cestelà s'en estend vne autre, & puis vne autre, iusqu'à ce que la perle soit venuë en sa iuste grandeur.

Les curieux, rechercheurs des choses naturelles, n'admirent rien, comme la forme du crystal de roche, qui se retrouue tousiours de figure exaedre, & taillé à six faces, auec telle proportion, qu'vn Lapidaire seroit bien empesché de la tailler mieux. Ceux qui ne se veulent point rompre la teste à trop enfoncer les matieres, s'en depestrent bien aisément, disant que c'est la figure qu'il a pleu à l'autheur de la nature de luy donner, & qu'il n'en faut pas rechercher d'autre cause. Mais le bon Philosophe ne peut s'imaginer que les choses omogenees, comme est le chrystal, soient determinées à vne certaine figure reguliere, ou pour le moins Symmetrique, comme sont les arbres, les fleurs, & les animaux, ausquels la nature ayant donné des organes, leur a quant & quant donné les figures propres & conuenantes aux operations d'vn chascun.

La vraye donc, ou vray-semblable cause de la figure Exagone au crystal, si quelqu'vne s'en peut donner, est la nature du sel, lequel en se congelant se retire & faict tousiours des angles, comme l'experience le monſtre. Or le cryſtal eſt vn ſel, bien que non fuſible dans l'eau, & partant lors qu'il ſe veut former, le ſuc le plus pur, ſe retirant au centre pour ſe congeler faict des angles. Mais pourquoy des angles, & pourquoy ſix & non plus? Si la matiere eſtoit eſgallement pure, elle ſe ramaſſeroit en rond, comme faict la roſée: mais ayant quelque choſe de heterogenée, & ne pouuant imiter la plus parfaicte figure, qui eſt la circulaire, elle imite celle qui en aproche le plus, à ſçauoir l'Exagone ou Exaedre, laquelle eſt compoſée de ſix triangles equilateraux.

Or comme le cryſtal ſe congele en vn poinct, qui eſt le centre où le ſuc ſe retire, de meſme faut-il croire que le diamant, le rubi, & les autres pierres precieuſes, cõmencent à ſe former par vn poinct. Et ſi la maſſe de la terre eſt née du chaos, ſuiuant l'opinion des anciens, lors que chaſque Element print quartier, & ſe desbroüilla de la confuſion, il eſt à preſuppoſer que la terre commença par vn petit poinct, qui occupa le centre de l'vniuers, auquel eſtant portées par leur peſanteur, & naturelle inclination, toutes les autres parties, elles ſe rengerent à l'entour les vnes des autres; & y allans toutes eſgallement, firent le globe terreſtre de forme ronde.

Et pour finir ce diſcours, ie toucheray en paſſant vne conſideration aſſez curieuſe, à ſçauoir que lors que la nature qui ſe ioüe ordinairement en ſes varietez, ſe veut reduire à vn poinct: elle faict vn ciron, où ſe trouue en petit volume toute l'œconomie de l'animal: Et quand elle ſe veut eſtendre, & monſtrer ſa vertu, elle produict la balene, s'arreſtant neantmoins dans les bornes de la grandeur & petiteſſe des corps naturels, definis par des poincts, comme nous auons dict au chap. 13.

Que le poinct n'eſt en aucun lieu.

CHAP. XVI.

IL y a beaucoup de gens qui trouueront auſſi eſtrange, qu'il y puiſſe auoir quelque choſe au monde, ſans eſtre en aucun lieu, comme qu'il y ayt vn corps au Soleil ſans faire ombre. Et toutesfois, il n'y a rien plus certain que le premier & ſupreme ciel, n'eſt en aucun lieu, comme nous diſions cy-deuant. Et que le Soleil eſtant au Zenith des corps plantez ſur l'horizon, comme il arriue à ceux qui habitẽt entre les deux tropiques deux fois l'année, ſur le poinct de midy, ne leur faict iecter aucune ombre.

Vne proprieté inſeparable de la quantité, c'eſt d'occuper de lieu: & à meſure que le corps va croiſſant, il luy faut auſſi donner plus de lieu, ou autrement il ſera tout creuer, comme nous voyons en l'exhalaiſon, qui s'eſchauffe & dilate en la nuë, d'où vient le tõnerre, & en l'eſprit du ſel nitre enclos dãs la poudre, lequel venant à ſe dilater par l'embrazement, fairoit creuer le canon, ſi la vapeur ne ſortoit viſtement par la bouche & par la lumiere, laquelle il faut faire d'vne raiſonnable grandeur, autrement la piece ſe fendroit, ou iroit en eſclats.

Et ne faut point s'attendre que les parties de la quantité entrent les vnes dans les autres : car il ne ſe peut donner penetration des dimenſions, pour le moins naturellement ; bien ſe peut vn corps reſerrer, & renger en telle façon ſes parties, qu'elles en demeurent moins dilatées : ce qui arriue par la cõſtipation, qui faict que les parties ſont plus vnies, & s'entretouchent en tous ſens & de tous coſtez auec moindre circonference, ſans perdre neantmoins vn ſeul brin de leur quantité. Or les corps qui ſont ainſi materiels, ſont en lieu par circonſcription, comme on parle, c'eſt à dire, ont leurs parties reſpondantes aux parties du lieu qui les enuironne : car autre partie de lieu occupe la teſte, & autre les pieds. Et en ceſte façon, tout contenu eſt eſgal à ſon contenant, contre l'erreur de ceux qui croyent que le lieu eſt plus grand que la choſe placée : ce qui n'eſt point, ſi nous parlons du vray lieu, qui eſt ſuiuant la definition d'Ariſtote, l'extreſme ſurface du corps, qui enuironne vn autre : car la ſurface conuexe du vin, & la concaue du tonneau qui l'enuironne, ne ſont point plus grandes l'vne que l'autre, attendu que les ſurfaces eſtans indiuiſibles, quant à l'eſpaiſſeur, n'augmentent point la quantité.

Tellement que ſi le corps placé ſe dilate, comme il aduient par la rarefaction ou autrement, il faut par mesme moyen que le lieu s'augmente, ainsi que nous voyons le ventre de la femme se dilater, à mesure que l'enfant croit. Que si le lieu ne se peut dilater, il faut que quelque autre corps cede & luy fasse place, comme on peut voir clairement en mon horologe hydraulique, des qualitez où se mesure le chaud & le froid, voire-mesme la santé par degrez : Car l'air de la coupe de verre qui est en haut, venant à se dilater par le chaud, & par consequent demandant plus de lieu, vous voyez comme l'eau qui est dans le canal luy faict place, & se va retirant peu-à-peu. Les choses plus materielles, comme est l'eau, cedant aux plus spirituelles & plus actiues, comme est l'air, comme nous voyons que les corps mols font place aux durs, à sçauoir l'eau qui est dans vn sceau à la pierre, & l'air qui en sort, à l'eau. En laquelle experience le grand Archimede trouua la quantité de l'argent qui auoit esté meslé auec l'or, en la couronne du Roy Hieron, voyant dans le bain, qu'à mesure qu'il plongeoit son corps dans la cuue, il en sortoit tout autant d'eau qui luy faisoit place. Et le singe n'estoit pas ignorant de ceste Philosophie, iettant quantité de pierres dans vn vase profond, pour faire esleuer l'eau, à laquelle il ne pouuoit atteindre.

Mais si le corps dur veut entrer dans vn autre dur, toutes les dimensions s'y opposent. Tellement qu'en aucune façon nature ne peut admettre ceste penetration, tant il est naturel à chasque partie de la quantité d'occuper quelque lieu, & ne le laisse iamais, si l'on ne luy cede vn autre : de là viẽt que l'eau d'vne fiole pleine, renuersée tout à coup, ne chet point, que le vin ne sortira du tonneau percé, si vous n'ouurez la bonde ou le souspirail : car l'air exterieur ne veut faire place à la liqueur par deuãt, si la liqueur ne luy en faict par derriere. Bref les tonnerres, les tremblemens de terre, les effects du canon, & mille autres merueilles qui sont en l'vniuers, ne se font que pour éuiter ou le vuide, ou la penetration des dimensions, chasque corps demandant ou deffendant sa place, laquelle luy estant contestée, ces grands symptomes & debats s'en ensuiuent.

Mais quelque curieux me pourroit objecter icy quelques experiences, esquelles on voit par fois deux corps se penetrer & entrer l'vn d'ans l'autre, puis que tous deux mis ensemble, n'occupent pas plus de lieu que faisoit vn chascun en particulier, & premierement celle de l'eau & des cendres : Car si vous remplissez vn verre d'eau & vn autre de cendres, vous fairez entrer toute l'eau dans les cẽdres, pourueu que vous l'instiliez peu-à-peu : tellement qu'vn seul verre contiendra toute l'eau & toutes les cendres.

A cela ie responds, que les plus subtiles parties des cendres se resoluent & s'éleuent en l'air en vapeur insensible. Item que l'eau la plus subtile s'euapore aussi par la chaleur oculte des cendres. Et en troisiesme lieu, que l'air qui estoit meslé auec les cendres, (car elles sont poreuses) a faict place à l'eau : tellement qu'il ne faut s'estonner si vne bonne partie de ces deux corps, à sçauoir de l'eau & des cendres qui occupoient vne partie du verre, estant sortie auec l'air encore qui estoit dans les cendres, le reste a peu contenir dans vn verre. Et voila comme le Philosophe examine les choses auec vne autre touche que celle du vulgaire, qui ne s'arreste qu'aux apparences, sans penetrer plus auant.

En outre on objectera qu'il y a penetration de dimensions entre l'eau & l'esponge : car il n'y a partie de l'esponge pour si petite qu'elle soit, qui ne soit abreuée d'eau dedans & dehors, quand elle y a trempé fort long-temps : le mesme peut-on dire de l'huyle & du drap, de l'eau & de la farine, & du pain moüillé. Mais quoy que la chose semble estre ainsi, & que la veuë ne puisse discerner en ces corps, ce qui est baigné d'auec ce qui ne l'est pas, si faut-il auoüer qu'il y a plusieurs petites parcelles dans l'esponge que l'eau n'a point moüillé : car si toutes en estoient abreuuées, l'esponge seroit vne autre fois aussi grande qu'elle estoit auparauant ; où si les dimensions des deux corps estoient entrées l'vne dans l'autre, que l'esponge n'auroit pas creu apres auoir beu l'eau : ce qui repugne à l'experience, & la mesme raison se peut rendre de l'huile & de la farine, & du pain moüillé : car l'eau n'a esté receuë que dans les pores de ces corps, sans penetrer leur substance, comme le feu seulement dans les pores du fer quand il est rouge : car vous voyez comme elle s'assemble en petits grumeaux, pour se deffendre de l'eau, & ne sçauroit-on iamais si bien la mesler auec l'eau, que quelques petits atomes ne retiennent leur secheresse, tout ainsi que vous ne pouuez iamais si bien chauffer toute l'eau d'vn chauderon que plusieurs parties d'icelle ne gardent leur naturelle froideur: car au plus fort que l'eau bout, vous pourrez fort bien souffrir la main au cul du chauderon, & le trouuerez aucunement froid, à cause que les parties de l'eau qui se sont deffenduës de leur contraire, estant les plus pesantes, ont occupé le bas du chauderon, lequel elles ont ainsi refroidy.

Concluons donc que tout corps materiel occupe necessairement de lieu, & est en iceluy circonscriptiuement, & que de là vient qu'il n'en peut receuoir aucun autre dans soy. Item que deux corps ne peuuent estre en vn mesme lieu, ny vn mesme corps en deux lieux differens, parlant toutesfois naturellement. Bref que le lieu est esgal à la chose placée, & de mesme figure.

Et bien que le lieu ne die autre chose que la surface, qui enuironne & contient, le corps ne laisse pourtant d'estre tout entier dans le lieu, & n'estoit nullement besoing de faire vn lieu interne ou intrinseque, pour y placer toute la solidité du corps, comme font nos modernes à l'imitation des anciens, qui disoient que le lieu n'estoit autre chose que l'interualle, & la place qu'occupoit tout le corps, qui est vne chose du tout imaginaire: car cest interualle n'est pas lieu, mais la quãtité mesme

&

& dimension du corps, autrement vne chose seroit en elle-mesme, & seroit le contenant & le contenu. Mais ces gens-là pensent qu'vn corps n'est pas en vn lieu, si ses parties mesmes internes ne touchent le lieu qui est autant absurde, comme qui diroit qu'vn homme n'est pas assis, si toutes les parties de son corps ne reposent sur l'escabeau. Or tout ainsi que ie touche veritablement vn corps, encore que ie ne le touche qu'auec le bout du doigt, & en vn certain lieu, sans qu'il soit besoing de le toucher partout : de mesme vn corps se dit estre en vn lieu, encore qu'il ne touche le lieu que par la surface exterieure, & voyla pour les corps materiels.

Mais les choses immaterielles comme sont les Anges, les demons, & l'ame raisonnable, bien qu'elles soiẽt en quelque lieu, ne l'occupent neãtmoins pas, & n'y sont pas circonscriptiuement, mais bien definitiuement : Car n'ayans point de quantité, ils ne peuuent auoir des parties qui respondent aux parties du lieu, mais sont tous entiers en tout le lieu qu'ils ont, & tous en chasque partie d'iceluy. Ils ne laissent pourtant d'estre bornez par la circonference d'vn certain espace finy & limité.

Car tout ainsi que l'ame raisonnable est tellement dans le corps humain, qu'elle n'outrepasse point l'epiderme ou la derniere peau qui nous enuironne : de mesme l'Ange est tellement en vn lieu, qu'en mesme temps il ne peut estre en vn autre, comme s'il est au ciel, il ne peut estre en terre, quoy que S. Thomas vueille qu'ils se meuuent d'vn extresme à vn autre, sans passer par le milieu, qui est vne chose incomprehensible. L'Ange donc ou le demon occupera tout autant de lieu que demande la Sphere de son actiuité, & espandra tout en rond les rayons de sa force, comme la lumiere & tous les agens naturels, s'ils ne sont empeschez, agissent au dedans de ceste Sphere d'actiuité, comme par exemple, si la circonference de l'action d'vn demon s'estend vne lieuë à la ronde, il sera par tout cest espace, & en chasque partie d'iceluy, & renuersera icy vn arbre, là fera perir vn basteau, icy il excitera des vents, là il fera tomber de la gresle suiuant le pouuoir qu'il luy sera donné de Dieu, & ne pourra rien operer au delà de son estenduë. Ainsi quand l'Ange exterminateur deffit cent cinquante mille hommes du camp des Assyriens, il n'estoit pas besoing qu'il allast courant de rang en rang, ny de scadron en scadron: car il est croyable que la deffaite fut faicte en vn instant, à cause que l'Ange estoit en mesme temps sur chasque soldat, aussi biẽ que sur tout l'espace qu'occupoit tout le camp, comme s'il eust esté multiplié en chasque partie de lieu.

Finalement Dieu est en lieu, mais non pas circonscriptiuement, puis qu'il n'a point de corps, ny definitiuement, puis qu'il n'est point borné d'aucune circonference suiuant la definition du Trismegiste: mais espandant infiniment son estre au delà mesme des Cieux, dans l'infinité des espaces imaginaires, il est par tout, il remplit tout, *Iouis omnia plena*, & eſt en tout lieu par eſſence, par preſence, & par puiſſance, laquelle proprieté d'eſtre par tout luy conuient tellement, qu'elle ne peut eſtre communiquée à creature qui ſoit, combien que Porphyre en ſon introduction, vueille attribuer encore cecy à ſes vniuerſels, comme Platon à ſes Idées, diſant que les natures des choſes conſiderées en elles meſmes, & exemptes de la matiere, comme celle de l'homme, de l'arbre & de la pierre, que les Logiciēs comprennent ſoubs les noms de genres & d'eſpeces, ſont touſiours & en tous lieux : ce qui eſt vray ſi par ces natures on entend les Idées qui ſont en l'entendement diuin, comme explique S. Auguſtin en faueur de Platon: car elles ſont en Dieu de toute eternité, & ne ſont autre choſe que Dieu : mais ſi par ces natures vous entendez ces eſtres, ou eſtants de raiſon que l'entendement ſe forge par l'abſtraction, ils ne ſont iamais que lors qu'on y penſe, ſi pour les choſes réelles, qu'elles ſignifient priſes materiellement, elles ne different aucunement des particuliers, & partant ſe retrouuent par tout où ſe trouuent les ſinguliers.

Ayant expliqué ces façons & manieres d'eſtre en lieu, tant pour les choſes materielles que pour les ſpirituelles, il faut voir maintenant ſi le poinct Mathematique, dont nous parlons, peut eſtre en aucun lieu, ou quelqu'vne de ces trois manieres ſuſdites. Et premierement il eſt treſ-éuident qu'il n'y peut eſtre circonſcriptiuement, à cauſe qu'il eſt indiuiſible, & n'a ny parties, ny dimenſion aucune

D'estre aussi definitiuement à la façon des esprits, ou de l'ame raisonnable, il ne peut : car il ne peut estre en plusieurs parties du lieu, ny auoir aucune Sphere d'estenduë ou d'actiuité, puis qu'il n'a nulle operation, moins encore sera-il par tout à la façon que Dieu remplit tout espace, tant réel comme imaginaire: Il faut donc conclurre qu'il n'est en aucun lieu; mais il ne faut pas inferer pourtant qu'il n'est point comme vouloit Zenon : car le premier Ciel ne laisse pas d'estre, encore qu'il ne soit en nul lieu, comme nous auons dit cy-deuant.

Mais quoy, dira quelqu'vn, le poinct n'est-il pas en la ligne, soit au milieu, soit aux extrémitez. Ie respons que ouy, mais non pas comme en quelque lieu; bien comme en son subject: car il y a beaucoup de façons, par lesquelles vne chose est en vne autre, desquelles parle Aristote en sa Logique; ainsi les particuliers sont en leurs vniuersels, comme les indiuidus en leur espece ; les parties en leur tout, comme les doigts en la main; les accidens en leur subject, comme la blancheur en la neige ; & le poinct en la ligne, la forme en la matiere, comme l'ame dans le corps ; les choses placées en leurs lieux, comme le vin dans le tonneau.

Or que le poinct n'aye aucun lieu, Aristote le dict expressément au sixiesme liure de sa Physique, disant pour sa raison, qu'il n'y auroit aucune difference entre le poinct & son lieu : car le poinct posé sur vn autre poinct, ne le multiplie pas, attendu que ces deux surfaces posées l'vne sur l'autre, n'en font qu'vne; & ainsi, comme dit Albert le Grand, le mesme seroit le lieu & la chose placée en iceluy. Ou bien nous dirons qu'estant le propre du lieu de contenir, & n'y ayant point de raison, pourquoy vn poinct doiue contenir, & l'autre doiue estre contenu : aucun d'eux ne se pourra proprement dire lieu, ou estre en aucun lieu : vne autre raison en donne Aristote au quatriesme de sa Physique, disant que c'est le propre du lieu d'enuirõner vn corps. Or il est impossible qu'vn poinct puisse estre enuironné pour n'auoir point de surface qui responde à la surface du lieu.

Concluons donc que le poinct Mathematique n'est en aucun lieu de soy, mais par accident, comme si nous disions que l'Heresie est au feu, parce qu'on y brusle vn heretique. Et en ceste mesme façon dirons-nous que le poinct se meut, quoy que de soy-mesme il soit immobile, comme nous allõs monstrer au Chapitre suiuant.

Que le poinct est immobile.

Chap. XVII.

Ce n'est pas sans raison que i'ay dict tout au commencement de ce liure, qu'il n'y auoit rien qui s'imbolisast dauantage auec la Diuinité que le poinct, attendu qu'il est inscrutable, immateriel, infiny, indiuisible, principe de toutes choses, sans borne, sans lieu & sans tẽps, toutes lesquelles proprietez conuiennent à Dieu, qui eſt le centre où tout aboutit, & le poinct final, auquel toutes choſes viſent pour y trouuer leur bon heur. Mais entre les attributs diuins, bien que tous ſoient eſgaux en eux-meſmes, il n'y en a pas de ſi exprez, ny ſignificatif de ſon eſſence & nature, que l'immobilité par laquelle il eſt touſiours vn & ſemblable à ſoy-meſme: auſſi le poinct eſt de ſa nature immuable, impaſſible, & inalterable, comme nous monſtrerõs en ce lieu.

Or que ceſte immobilité nous explique auec plus d'energie l'eſſence infinie de Dieu, les Rabbins nous l'enſeignent, diſans que c'eſt comme la baſe & la fontaine de tous les autres attributs, & que de là ſe tire le grand Tetragrammaton, nom ineffable, & qui ne ſonne autre choſe que l'eſtre infiny & independant. Auſſi Dieu n'a iamais exprimé ſon nom, lors qu'il s'eſt daigné de le manifeſter à quelqu'vn, comme il fit à Moyſe, que par ceſte exiſtence, en ſe nommant celuy qui eſt, c'eſt à dire celuy qui ne change point, ny en ſa nature, ny en ſa volonté; mais qui demeure touſiours en vn meſme eſtre: car les creatures, & principalement celles qui ſont au deſſouz de la Lune, ne demeurent iamais en meſme eſtat, mais vont touſiours roulans à leur neant, emportées des aiſles du temps, & du mouuement des Sphœres celeſtes. Auſſi diſons-nous d'elles, qu'elles vont touſiours en decadence, vieilliſſent peu à peu, ſe diminuent, & ont leur terme & periode limité par le temps, ſouz lequel elles ſont, & en reçoiuent les impreſſions & viciſſitudes. Meſme l'or & les diamans que pluſieurs penſent incorruptibles, ne laiſſent pas de vieillir & ſe deperir, quoy que lentement, & quaſi inſenſiblement : mais nous n'auons pas aſſez de vie pour en remarquer la durée. L'ame meſme de l'homme, quoy que de ſa nature immortelle, & non aſſeruie à l'vſure du temps, vieillit en quelque façon, & s'altere non pas en ſa ſubſtance, mais en ce qui eſt de ſes operations, à cauſe des organes qui s'vſent tous les iours, & à tous momens.

Ce n'eſt donc ſans cauſe ſi le Roy Dauid, conſiderant noſtre condition inconſtante & muable, tant en noſtre eſtre, qu'en noſtre volonté, a dict que tout homme eſtoit menteur, c'eſt à dire ſuiuãt la phraſe Hebraïque, qu'il n'eſtoit point de ſoy, que ſon eſtre dependoit d'autruy, & qu'il ne demeuroit iamais en meſme eſtat, parce qu'il eſt nay auec le temps, & eſt en vn perpetuel flux, à cauſe du continuel mouuement de ſon cœur, & de l'action de la chaleur vitale, qui va touſiours conſumant ſon humidité. Et ce cours ne pouuant eſtre arreſté, il s'en enſuit vne alteration, tendant à la totale deſtruction du ſubject.

Mais Dieu qui a ſon eſtre de ſoy, & qui n'eſt ſuject au temps, veu qu'il eſtoit auant le temps dans l'infinie durée de l'eternité, ne peut ſubir aucune alteration, ny en ſon eſtre, ny en ſa volonté, laquelle il ne change point pour en prendre vne autre meilleur, comme nous faiſons bien ſouuent par faute de preuoyance : mais tout luy estant present, il cõioinct le passé & l'auenir en vn seul poinct immuable, qui est ceste eternité que Boëce definit vne entiere & parfaicte possession d'vne vie interminable. Et ceste immobilité a esté cognuë du grand Aristote, ayant trouué par les mouuemens subordonnez des intelligẽces meuës & mouuãtes, qu'il falloit necessairement venir à quelque suprême cause, laquelle meut sans estre meuë, qui est cest estre des estres, auquel il se recommanda lors qu'il se iecta dans l'Euripe.

Or auant que parler de l'immobilité du poinct, il faut sçauoir qu'il y a trois sortes de mouuement, à sçauoir l'augmentation, l'alteration, & le mouuement local. Par l'augmentation, le mobile acquiert de la quantité ; par l'alteration, il tend à la qualité ; & par le mouuement local, il acquiert quelque lieu. D'aucun de ces trois mouuemens, le poinct ne se peut mouuoir, non de l'augmẽtation: car il ne peut ny croistre ny diminuer : car quand vous adiousteriez dix mille autres poincts à vn poinct, il n'en seroit pas pour cela plus grand ; & de luy oster quelque chose, il est impossible, puis qu'il est impartible & sans quantité, qui seule est capable de grandeur & de petitesse, d'accroissement & de diminution.

Pour l'alteration, comme seroit se chauffer, se refroidir, & autres semblables passions, le poinct en est du tout incapable, & par consequent impassible, tant à cause que les qualitez ne peuuent estre

intreintroduites en aucun ſubject, que par l'entremiſe de la quantité, qui eſt le ſouſtien des autres accidens; comme auſſi que l'alteration eſtant vn mouuement, ne ſe peut faire en vn inſtant, & tout à la fois: car le mouuement ſe faict auec temps, & ne ſe peut iamais donner la premiere partie d'iceluy: Le poinct donc n'ayant point de parties, ſeroit chauffé, refroidy, ou autrement alteré tout à la fois & en vn inſtant: ce qui eſt impoſſible & contre la nature du mouuement & de l'alteration, qui communique ſa qualité au ſubject ſucceſſiuement, & vne partie apres l'autre.

Pour le regard en fin du mouuement local, il ſemble que nous ne le puiſſions pas oſter au poinct, ny le faire immobile: Car les extremitez de la ligne qui ne ſont que des poincts, ont le meſme mouuement que la ligne: & le poinct du Globe qui touche l'aire d'vne ſurface pleine, ſe meut viſiblement ſur icelle, quand le Globe ſe meut, y traçant vne ligne. Mais il faut ſçauoir qu'il y a deux ſortes de mouuemens: l'vn quand vne choſe ſe meut de ſoy, l'autre quand elle ſe meut par accident au mouuement d'autruy: Et en ceſte derniere façon diſons-nous que le poinct ſe meut, comme la blancheur ſe meut quand on faict rouler vne boule de marbre blanc; mais c'eſt par accident: car le mouuement ne vient pas de la blancheur, mais bien de la quantité de la boule & de ſa forme ronde: En ceſte façon le Muſicien baſtit, ainſi que dit Ariſtote, non entant que Muſicien, mais entant que Maçon.

Que si le poinct pouuoit estre separé du corps, & se tenir à par-soy, il seroit du tout immobile, & la raison manifeste est fondée sur ce syllogisime. Si le poinct se mouuoit, il seroit en son mouuement, ou au terme duquel il part, ou au terme auquel il va, ou partie en l'vn, partie en l'autre extreme. Or est-il que tandis qu'il est au terme duquel il part, il ne s'est pas encore meu ; quand il est à l'autre extreme, il se repose ; il faut donc qu'il soit partie en l'vn, partie en l'autre terme : Mais il est impossible que cela soit, attendu que le poinct n'a pas de parties : Il ne se mouuera donques iamais de soy, mais par accident seulement, à sçauoir au mouuement du corps, auquel il est comme le Marinier au mouuement de la Nauire, en laquelle il demeure immobile. Or comme le poinct ne se peut mouuoir localement, aussi ne peut-il seruir de lieu ny d'espace, sur lequel quelque corps, ou vn autre poinct mesme, se puisse mouuoir: Car tout ce qui se meut, presuppose deux extremes & vn milieu, & par consequent quelque longueur, laquelle ne se peut retrouuer au poinct qui n'a ny milieu ny extreme quelconque : Soit donc tenu pour tout aueré que le poinct Mathematique est immobile, de quelque mouuement que ce soit, sinon par accident, comme nous auons declaré.

Zenon n'eust pas trouué ceste proposition estrange ; mais il n'eust aduoüé que le poinct se meut par accident, attendu que nyant la lumiere des sens, il disoit que tout estoit immobile, fondant ce paradoxe ſur ceſt argument, ou pluſtoſt ſophiſme. Tout ce qui ſe meut, ſe meut, ou au lieu auquel il eſt, ou au lieu auquel il n'eſt point ; or ny l'vn ny l'autre ne ſe peut dire: Il s'enſuit donc que rien ne ſe meut. Que le corps ſe meuue au lieu ou il eſt, cela ne ſe peut : Car pour ſe mouuoir, il faudroit qu'il laiſſaſt le lieu qu'il occupe pour paſſer à vn autre: mais tandis qu'il ne delaiſſe ſon lieu, il ne peut paſſer à vn autre : il ne ſe meut donc point au lieu auquel il eſt, moins encores au lieu où il n'eſt point : Car comme eſt-il poſſible d'entendre qu'vne choſe ſe meuue, ou faſſe quelque autre action, où elle n'eſt point ?

Sextus Empiricus, & Pyrrhon en ſes hypotheſes, eſtiment ceſt argument inuincible : mais il me ſemble treſ-aiſé à ſoudre, & en beaucoup moins de parolles que n'a faict Ariſtote au ſixieſme de la Phyſique, en diſant que le mobile ſe meut au lieu où il eſt : ce qui ſe void clairement au mouuement circulaire d'vne rouë ; mais encore eſt-il vray au mouuement droict, auquel le mobile ſe meut touſiours au lieu où il eſt: car il le quitte touſiours, & ne le quitte pas du tout : quand il le quitte, il ſe meut pour paſſer à vn autre, ne le quittant pas du tout : mais peu-à-peu, & ſucceſſiuement, il eſt touſiours en ſon lieu, quand il ne ſeroit qu'en l'extreme partie d'iceluy : comme ſi vn homme s'eſleue hors de l'eau, il n'y a point de doute qu'il ſe meut, parce qu'il quitte le lieu qu'il auoit, à ſçauoir l'eau, pour occuper vn nouueau lieu en l'air : mais parce qu'il eſt encore en vne partie du lieu qu'il occupoit en l'eau, il eſt dit eſtre en ſon premier lieu; car il ne le laiſſe tout entierement, qui ſuffit pour dire qu'il eſt encore en l'eau, quand il n'y auroit que le bout des pieds.

Mais laiſſons à part les reſveries de Zenon, qui auoit beaucoup moins de raiſon, de dire que rien ne ſe mouuoit, que non pas Heraclite, qui diſoit au contraire, qu'il n'y auoit rien en l'vniuers qui ne ſe meuſt continuellement: car à la verité ſi vous faites vne reueuë depuis le ciel iuſques en terre, vous ne trouuerez quaſi rien qui ne ſe meuue du mouuement local, à cauſe du rauiſſement iournalier du premier mobile, qui entraine quand & ſoy, non ſeulement les autres cieux inferieurs, mais les Elemens meſmes, iuſqu'à la mer qui ſe reſſent de ce mouuement circulaire, lequel les Mariniers experimentent allant vers l'Orient; car ils trouuent vne certaine reſiſtance qui les retarde beaucoup plus, que non pas lors qu'ils ſinglent vers le Ponant. La terre meſme aſſiſe ſur ſa baſe, & balancée de ſes propres poids, ſe meut au moins en partie par les tremble-terres, & toute entierement ſuiuant l'opinion de Copernique, & pluſieurs modernes: mais quand ils en auront donné des demonſtrations éuidentes, ce que i'eſtime impoſſible, ie verray ce qu'il en faut croire.

Tant y a que s'il faut exempter quelque partie de l'vniuers du mouuement local, il faut que ce ſoient les poincts, comme ſont les Poles, & la terre qui n'est qu'vn poinct, comme nous auons dit au prix du Firmament, & le centre de l'vniuers dont le propre est d'estre immobile. Vous me direz que les Poles du Zodiaque, tant du Firmament que du ciel crystalin, se meuuent tant de soy, par le mouuement de trepidation, comme par accident au mouuement du premier mobile : mais pour le moins les Poles du premier mobile seront tousjours immobiles, & ne se pourront mouuoir ny de soy ny par accident ; d'où vient que S. Thomas, ne sçachant comme sauuer la proprieté qu'Aristote attribuë au lieu qui est d'estre immobile, la tire de l'immobilité des Poles du premier ciel, qui gardẽt tousiours mesme relation de distance auec tous les corps fixes, lesquels sont dicts se mouuoir à mesure qu'ils vont s'approchans ou esloignans de ces Poles, & se tenir en mesme lieu quand ils gardent tousiours vne mesme distance.

Or la cause pourquoy les poles ou piuots, sur lesquels se tourne vne sphere, sont immobiles de ce mouuement circulaire dont elle se meut, est dautant que tout ce qui se meut circulairement, se meut à l'entour de quelque autre chose, comme la rouë à l'entour de l'essieu : mais les Poles estans à l'extremité de laxe ou essieu du monde, ne peuuent se mouuoir à l'entour de quelque autre chose, à cause que le poinct, à l'entour duquel ils se moueroient, seroit encore plus esloigné de la circonference qu'ils ne sont : or est-il qu'il n'en y a aucun de plus esloigné qu'eux : car ils sont au globe, comme le centre au milieu du cercle, lequel est immobile au mouuement d'iceluy, comme nous voyons en vne meule de moulin, toutes les parties de laquelle se meuuent, excepté le poinct qui est au milieu, pour n'auoir aucun autre poinct à l'entour, duquel il se puisse mouuoir.

Que le poinct est entierement necessaire au monde.

CHAP. XVIII.

OVtre ce que nous auons dict au chapitre premier de ce liure, touchant le besoin que tous les arts & sciences ont du poinct, & comme il se retrouue par tout, comme il est de grande consequence, tant en la nature qu'en l'art ; & sans repeter encore les grandes proprietez & prerogatiues qui se retrouuent en luy, & principalement celles qui le rendent si recommandable, & si necessaire, comme d'estre principe de toutes choses, & de concourir materiellement à toute generation & mixtion naturelle ; nous toucherons encore en ce dernier chapitre, quelques considerations concernantes la necessité que l'on a de ce poinct, si tres-grande que le monde ne pourroit subsister, ny se maintenir longuement sans son ayde, & que la vie de l'homme en resteroit tresfort incommodée : ce qui semblera de prime face vne espece de paradoxe.

Premierement nul ne doute, que si la terre ne produisoit rien, ny les hommes, ny les autres animaux ne pourroient longuement subsister, estans denuez de leur nourriture ordinaire, qui sont les herbes, les fruicts, & autres vegetables que la terre produict pour les alimenter. Or ceste vertu productiue despend en telle façon des influences celestes, que cessant le mouuement des cieux, comme tiennẽt les Philosophes, toutes choses cesseroient en ce monde elementaire. Ces vertus donc, & ces influences, tant les manifestes, qui sont les premieres qualitez, comme les occultes, si point y en a, sont portées par la lumiere, premierement sur la face de la terre, & de là penetrent iusqu'au centre d'icelle, où elles s'vnissent en vn poinct. De là, comme par reflexion, cest Archée ou feu central, qu'on peut à bon droict nommer l'esprit infus dans la masse terrestre, dont parle Virgile, suiuant la doctrine de Platon, vient à les espandre du centre à la circonference, ayant au prealable meslé subtilement les quatre premieres semences, en forme d'vne vapeur, qui s'esleuant peu à peu par ceste reflection, & par la vertu attractiue du Soleil, se va sublimant & espurant d'elle-mesme: & trouuant dans les cachots de la terre, des matrices propres & accommodées à la nature minerale, y engendre des metaux, plus ou moins purs, suiuant la pureté de la matrice qui la reçoit: passant plus outre, & venant iusqu'à la surface de la terre, y engendre des herbes & des animaux, suiuant la disposition qu'elle y trouue; & rien de tout cela n'arriueroit, si le centre de la terre ne faisoit ceste vnion, & ceste reflection en vn poinct.

Dauantage la lumiere du Soleil, qui porte la chaleur tant necessaire au mõde, & que sans icelle n'y auroit ny vie, ny mouuement quelconque, ne produiroit aucun effect en terre, ny en l'air, si ses rayons viuifians n'estoient vnis & acueillis en vn poinct, qui est celuy de la reflection és corps opaques, & de la refraction és diaphanes & transparãs. Et ceste vnion est tant necessaire, que la proximité du Soleil n'agit pas de beaucoup si puissammẽt sur les corps, comme ceste vnion faicte par la reflexion de ses rayons; d'où vient que le Soleil eschaufe beaucoup moins és cimes des montaignes qui luy sont plus voisines, que non pas és vallées qui en sont bien plus esloignées, à cause que la reflexion des rayons, qui determinent la plus basse region de l'air, ne peuuent paruenir iusqu'à là.

Or non seulement la terre sert à ceste vnion & reflexion des rayõs solaires, mais encores les astres, lesquels estans des corps solides, sont comme autant de miroirs ardans, pour enuoyer ça bas la lumiere receuë, comme remarque fort bien Alhazen Arabe en sa perspectiue, & suiuant les diuers angles de position, qui respondent à diuers Horizons, causent diuers effects au monde sublunaire. Ainsi le Soleil auec la canicule influë vne grande secheresse, auec Orion faict des vents, auec les hyades des pluyes; & tout cela depend du poinct

de

de la reflexion des rayons, laquelle a tant de pouuoir, que les Arabes tiennent le monde deuoir naturellement finir par feu, alors que par longues reuolutions, les planettes se retrouueront vnies en la triplicité ignée, qui est en l'vn des signes de ♈, ♌, ou ♐: car les rayons solaires seront si puissamment vnis, que tout l'air s'en embrasera, comme au contraire quand les mesmes Planettes se conioindrôt en la triplicité aquatique, à sçauoir en ♋, ♏, ou ♓, ils tiennent que le deluge vniuersel se faira naturellement: mais nous tenons par les oracles diuins, que l'vn est vne fois arriué par la volonté de Dieu, & que l'autre arriuera par le mesme decret suiuant, qu'il l'a predit sans les reïterer, comme veulent les Caldeens.

Mais laissant à part les deux poincts immobiles, sur lesquels toute la machine celeste se tourne du Leuant au Couchant, qui sont les deux poles Arctique & Antarctique: Si la nature n'en auoit mis d'autres au ciel, que ceux qui sont au premier mobile, le monde n'auroit guere duré: car le Soleil porté par le rauissement de ce ciel à l'entour de la terre, traceroit tousiours mesme cercle, & repassant sur les mesmes brisées, auroit bien-tost bruslé le milieu de ceste Zone, des anciens appellée Torride, que nos modernes ont trouué si fertile & si temperée, & ne pouuant s'approcher vers les autres, ne conduiroit iamais à maturité les bleds ny le reste des fruicts qu'il auroit faict naistre. Mais par le moyen de deux poincts, qui sont en son Excentrique, sur lesquels il se meut regulierement du Ponant au Leuant, suiuant les erres de l'Eclyptique, qui sont les poles du Zodiaque, il va d'vn cours oblique, tantost s'approchant, tantost s'esloignant des extremitez de globe terrestre, pour communiquer sa chaleur à tous les climats, & faire les diuerses saisons de l'année tāt agreables à la nature, pour la diuersité des choses qu'elles apportēt. Et pour dire en vn mot toutes les varietez que les mouuemēts des planetes causent en ce bas monde par leurs aspects, progressions, regressions, statiōs, oppositions, conionctions & triplicitez, sont produictes par le moyen des poincts immobiles, sur lesquels elles tournent, qui sont les poles de leurs deferens.

Autant ou plus necessaires au monde sont les fameux poincts de l'Ange & du Perigée : car par le moyen d'iceux, le Soleil s'approche, l'Hyuer de la terre de 22. diametres d'icelles, qui font 75600. lieuës Françoises, & l'Esté s'en esloigne d'autant, qui est vne grande prouidence diuine en faueur de ces climats Septentrionaux que nous habitons : car à mesure que le Soleil s'approche plus de nostre Zenith, augmentant la chaleur par le moyen des rayons, qui tombent plus à plomb, & font des angles plus droicts en leur reflexion, en mesme temps le corps du Soleil s'esloigne de la terre, & monte au haut de son Auge, pour temperer par son esloignement l'ardeur qu'il causeroit. Comme au contraire, alors que le mesme Soleil s'esloignant de noſtre Zenith iette ſes rayons plus obliquement ſur la terre, & par conſequent moins vnis, ſon excentrique l'approche de la terre, afin de ſuppleer par ceſt approchement au peu de chaleur que cauſe l'obliquité de ſes rayons.

D'ou i'infere qu'en la Zone Antarctique l'Hyuer eſt ordinairement plus froid que non pas en l'Arctique, à cauſe du double eſloignement du Soleil, tant du Zenith que de la terre, eſtant le poinct de l'Auge, pour le iourd'huy au 9. du Cancer, ſuiuant les tables Pruteniques. Mais au cõtraire l'Eſté doit bien eſtre plus chaut en ces quartiers, à cauſe que le Soleil eſtant en ſon perigée, qui eſt au 9. du Capricorne, il s'aproche de la terre & du Zenith tout enſemble.

Et s'il m'eſtoit loiſible d'eſtaller icy vn Caprice, ie dirois, comme par le tardif mouuement de la neufieſme Sphere, ces deux poincts de l'Auge & du Perigée, par ſucceſſion de temps causeront en la terre vn ſi grand changement, que ce qui maintenant eſt couuert des eaux de l'Ocean ſouz le Capricorne, ſe deſcouurira peu à peu, la mer ſe retirant pour venir couurir de ſes ondes les climats que nous habitons, comme toute la mer Athlantique a eſté d'autre-fois terre ferme, ſuiuant l'opinion de Platon. Car dans 24500. ans ſi le monde doit tant durer, le poinct du Perigée, qui eſt ores au Capricorne, ſigne terreſtre, ſe retrouuera ſouz le ſigne de Cancer, qui eſt de la triplicité aquatique.

Finalement pour conclurre ceste matiere, & monstrer que le poinct est du tout necessaire, pour la commodité mesme de la vie humaine, considerez que la veuë, sans laquelle la vie est vne prison obscure, ou plustost vne mort, ne se faict qu'en vn poinct, que rien ne perce, soit espée, soit lame, soit flesche, sans la poincte qui prend son nõ du poinct. Qu'il est tres-mal-aisé de se passer des aiguilles, des clous, & autres outils qui seroient inutiles sans la pointe ou le poinct. Les machines les plus subtiles ne tournent que sur vn poinct qui est le piuot, comme les moulins & les horologes, les rouës des charettes ne facilitent le mouuement, & n'allegent le poids, sinon par ce qu'elles ne touchent iamais la terre qu'en vn poinct. Le mouuement perpetuel se trouuera lors que l'on tiendra tousiours esloigné le poinct, ou le centre de la grauité du mobile, de la ligne perpendiculaire, les murailles des bastimẽs ne pourroient demeurer debout, si elles n'estoient dressées perpendiculairement. Et toute la direction qui conduit l'architecte en cela, dépend de ce poinct, auquel vise le plomb, qui est le centre de la terre. Sans le poinct immobile, que regarde tousiours la calamite, soit au ciel, soit en la terre, le Marinier ne sçauroit iamais tenir vne route asseurée; & ainsi la nauigation tant necessaire aux hommes pour le commerce ne pourroit subsister. Bref, tout le monde voit comme les poincts nous seruent en l'escriture, pour distinguer le sens, autant qu'ils font aux Hebrieux & Chaldeens, pour marquer leurs voyelles. Et pour ne repeter ce qui a esté dit cy-deuant; ramenez icy tout le contenu du premier chapitre, ou i'ay notté en passant toutes les diuerses especes des poincts, y adjoustant pour fin ce poinct & ce moment, duquel dépend l'Eternité, laquelle est encore vn poinct qui mesure l'infinie durée de celuy qui est le centre & le poinct, où toutes les creatures aboutissent.

Omne tulit Punctum qui miscuit vtile dulci.

FIN.

TABLE DES CHAPITRES.

FIN.

www.ingramcontent.com/pod-product-compliance
Ingram Content Group UK Ltd.
Pitfield, Milton Keynes, MK11 3LW, UK
UKHW022111190726
13855UKWH00002B/778